はじめに

　技能検定機械保全職種は、平成6年度から機械系保全作業に電気系保全作業も加わりました。最近のメカトロニクスの進展にともない、自動制御装置等の電気系を中心とした検査、診断、修理、予防などのニーズに対応し、電気系を設けたものです。

　本書は、機械保全電気作業の実技試験を受検される方のために受検対策の学習補助として編集されたものです。平成10年に初版を出して以来、受検生から好評をいただき、今回で改訂10版になります。

　電気系の実技試験は受験準備も難しく日常の実力が試される試験ですが、本書では基礎問題と応用問題で実力を養成していただくように構成しました。また、過去に出題された問題の中から例題を選び、その解答と解説によって構成されています。

　内容は、基礎問題としての基本的シーケンス（2章）、プログラマブルコントローラに関する基礎的応用命令（3章）、過去出題された問題を基準に作成した応用問題（4、5章）、1・2級の実力養成の練習問題（6、7章）から成っています。1つ1つマスターしていくことが、技能検定合格の速攻法になります。

　11章に最近の出題問題として、2020年の問題を追加しています。

　本書を有効に活用され、ぜひ、合格の栄冠を手にしていただくように切望いたします。

　　　　令和3年8月

　　　　　　　　　　　　　　　　　　　機械保全研究委員会

電気実技の速攻法　第10版

目　次

技能検定の受検要項

1　技能検定制度とは

　技能検定は、「働く人々の有する技能を一定の基準により検定し、国として証明する国家検定制度」です。技能検定は、技能に対する社会一般の評価を高め、働く人々の技能と地位の向上を図ることを目的として、職業能力開発促進法に基づき実施されています。

　技能検定は昭和34年に実施されて以来、年々内容の充実を図り、令和2年4月現在111職種について実施されています。技能検定の合格者は令和元年度までに471万人を超え、確かな技能の証として各職場において高く評価されています。

2　技能検定の等級

　技能検定には、現在、特級、1級、2級、3級に区分するもの、単一等級として等級を区分しないものがあります。それぞれの試験の程度は次のとおりです。

　　特　　　　　級・・・管理者または監督者が通常有すべき技能の程度
　　1級、単一等級・・・上級技能者が通常有すべき技能の程度
　　2　　　　　級・・・中級技能者が通常有すべき技能の程度
　　3　　　　　級・・・初級技能者が通常有すべき技能の程度

　技能検定の合格者には、厚生労働大臣名（特級、1級、単一等級）または、都道府県名（2、3級）の合格証書が交付され、技能士と称することができます。また、技能検定合格者には、他の国家試験を受検する際に特典が認められる場合があります。

3　技能検定試験の内容

　技能検定は、国（厚生労働省）が定めた実施計画に基づいて、試験問題等の作成については、中央職業能力開発協会が試験の実施については各都道府

県がそれぞれ行うこととされています。技能検定では、「技能検定試験の基準およびその細目」が職種別、等級別に定められ、それぞれに要求される技能についての実技試験および学科試験の範囲と程度が具体的に規定されています。

　学科試験は、職種（差作業）、等級ごとに全国統一して行われますが、実技試験は都道府県により違います。

　合格基準は、100点を満点として、実技試験は60点以上、学科試験は65点以上です。実技試験は、試験日に先立って課題が公表されます。受検資格は、原則として実務経験が必要ですが、その期間は学歴や職業訓練歴により異なります。また、一定の資格や能力を持つ方については、学科または実技試験が免除される場合もあります。

4　技能検定の実施と手続き

　試験は、職種により前期と後期に分かれて全国的に行われますが、「機械保全」職種は、3級が前期に行い、1・2級は後期に行われています。

　詳しくは、国家検定　機械保全技能検定（http://www.kikaihozenshi.jp）または日本プラントメンテナンス協会　機械保全技能検定事務局（TEL 03-5288-5003）にお問い合わせください。

採点項目

試験中および試験終了後に下記の項目を技能検定委員が採点します。

試験当日は、技能検定委員は合否の判定を行いません。

採点項目	おもな採点ポイント
工　具	指定された仕様・規格の工具を用いて、正しく使用できているか　など （指定されたもの以外は、使用できないことがあります）
安全および 作業態度	安全に配慮して作業を行っているか（服装を含む） 作業終了後、整理整頓されているか　など
仕様動作	仕様通りに動作するか　など
作業時間	所定の時間内に作業を終えたか　など （標準時間を超えた場合、超過時間に応じて減点されます）
回路点検	不具合の箇所を正しく特定できているか　など
回路組立	配線は適切に行われているか 圧着は適切に行われているか　など

注意事項

この試験で以下の注意事項を守らない場合は失格となる場合があります。

□服装

(1) 作業時の服装・身なりなどは、作業に支障のないものとしてください。

（帽子、安全靴は必要ありません）

(2) 試験中は、腕時計を含むアクセサリー類は身体に装着できません。

□持ち物

(1) 使用工具などは、P196（1級）・P216（2級）ページの「受検者が持参するもの」を参照してください。

試験開始の前に、技能検定委員による使用工具などの確認を行います。

なお、指定された仕様・規格と異なるものは使用できませんので、仕様・規格の判断のできるものを持参してください。

(2) 試験会場では、工具類の貸し出しはできません。また、受検者同士での工具などの貸し借りもできません。

□試験問題

(1) 試験会場で配布される試験問題には、メモなどを行ってもかまいませんが、持ち帰ることはできません。

(2) 試験中、本冊子や PLC のマニュアル類などを参照することはできません。
試験当日は、あらためて会場で試験問題を配布します。

□試験中
(1) 試験に使用する試験用盤や部品などは、取扱いに十分注意し、損傷などを与えないでください。
(2) 試験は、係員の合図で開始しますが、課題1、課題2、それぞれの作業終了後、手をあげて知らせてください。その後、技能検定委員の指示により動作の確認を行います。
(3) 作業時間は、受検者が終了の合図（手をあげる）をした時点までとします（動作確認時間は作業時間に含めません）。一旦終了の合図（手をあげる）を行った後は、作業のやり直しはできません。
(4) 不正な行為や他人の迷惑となる言動、または、機器・設備などの破損やけがを招く行為を禁止します。
(5) 「課題1」に関して
・PLC は試験用盤上（DIN レール含む）に配置できません。PLC は机上に置いて作業を行ってください。
・試験中に、事前に作成したプログラムファイルを読み込むことは禁止とします。
・動作確認終了後に技能検定委員の指示に従い、受検者自身で PLC およびパソコンのメモリ内の試験中に作成したプログラムを全て消去してください。
(6) 「課題2」に関して
・リレー・タイマの点検では、コイル端子間のレアショートの確認を行ってください。
・リレー・タイマの点検を行う場合は、分解して点検しないでください。
・回路点検では、配線済みの線（青色・黄色）を切ったり、強く引っ張らないでください。

□その他
(1) 試験中は、カメラ・IC レコーダー・携帯電話・スマートフォン（時計機能、電卓機能の使用を含む）などの使用を禁止します。
(2) 試験中は、無線 LAN（Wi-Fi 接続を含む）の通信手段によるネットワークの利用を一切禁止とします。また、PLC とパソコンの接続、パソコンとキーボードやマウスなどの接続では、Bluetooth や無線 LAN での接続を禁止します。
(3) 試験会場では、技能検定委員および係員の指示に従ってください。

電気系保全作業実技試験の細目

試験科目及びその範囲	1　　　　級	2　級
	技能検定試験の基準の細目	
電気系保全作業		
1　機械の保全計画の作成	機械の保全計画の作成に関し、次に掲げる作業ができること。 (1)機械履歴簿、点検表及び点検計画書の作成 (2)機械の故障傾向の分析	細目無し
2　機械の電気部品に生ずる欠陥の発見	1　機械の電気部品の点検に関し、次に掲げる作業ができること。 (1)電動機の点検 (2)電線の点検 (3)半田付け部の点検 (4)圧着接続部の点検 (5)遮断機の点検 (6)電磁開閉器の点検 (7)検出スイッチの点検 (8)計装機器の点検 2　機械の電気部分に生ずる次に掲げる欠陥等の徴候の発見ができること。 (1)短絡　　(2)断線　　(3)地絡 (4)接触不良　(5)絶縁不良　(6)過熱 (7)異音　　(8)発煙　　(9)異臭 (10)焼付き　(11)溶断　　(12)漏電	
3　電気及び電子計測器の取扱い	次に掲げる電気及び電子計測器を用いて計測作業ができること。 (1)電圧計 (2)電流計 (3)電位差計 (4)電力計 (5)回路計（テスター） (6)オシログラフ (7)ブラウン管オシロスコープ	

4　機械の電気部分に生ずる異常時における対応措置の決定	1　機械の電気部品に生ずる異常時における対応措置に関し、次に掲げる作業ができること。 (1)異常の原因の発見 (2)修理部品の選定及び異常箇所の復旧 (3)保全作業時に必要な工具、測定器の選定及び使用 (4)不良箇所究明時及び修理完了後の機能及びシーケンスの動作のチェック (5)電気回路の改善 (6)電気、エア、油圧に関する安全性の確認 (7)再発防止の対策 2　機械の電気部分に生ずる異常時における対応措置に関し、次に掲げる判定ができること。 (1)電気部分の使用限界 (2)点検表及び点検計画の修正の必要性	
作業時間の見積り	作業時間の見積りができること。	細目無し

電気系実技試験の実際

電気保全の実技試験は、1・2級とも課題1、課題2に分けられています。試験時間は1・2級とも、標準時間が課題1は50分、課題2は30分となっています。標準時間を超えた場合は減点の対象になります。

課題1

課題1は、プログラマブルコントローラと制御盤を組合せ、その間の接続配線を行い、タイムチャートに基づいてラダー図を推定し、シーケンサにラダーを打ち込み、出力動作がタイムチャートどおりになることを確認するものです。

上記で作成した回路を基にして、1級では3問程度、2級では2問程度の回路変更が出題されます。内容は1級がカウンター、微分命令、シフト命令などの応用問題、2級ではタイマーを主流とした変更が出題されます。

課題1は、プログラマブルコントローラ（シーケンサ）と制御盤を組み合わせた試験であるため、試験実施の場合、制御盤の準備が必要になります。基本的な配線（制御盤の電源部分、スイッチ及びランプから端子台部分まで）は試験開始前に完成させておく必要があります。参考に、配線の接続図（15頁）および配線作業についての解説（17頁〜26頁）を載せてあります。

課題2とその学習法法

課題2は、リレーシーケンスの理解を問う問題です。あらかじめ、配線が実施されている制御盤の不良箇所を修復する作業を行います。1級はタイムチャートをもとに、2級はラダー図をもとに修復を行い正常動作になるようにします。

学習の方法としては、制御盤の場合は受検者以外の人が、問題の解説に掲載されているシーケンス図に基づいて配線を行い、かつ、3箇所程度の不良箇所を作成しておきます。不良の設定において、あらかじめ断線した配線の準備も必要になります。交換を要する配線については、異なる色の配線を使用してください。解答の仕方として、考え方の違いから配線を全部ばらしてや

りなおす方法もありますが、現状のシーケンスを確認してそれを修復するのが目的なので、部分修復にとどめておきます。また、使用する制御盤に取り付けるリレーおよびタイマについて、あらかじめ良品か不良品かを判別する問題があります。これについてもあらかじめ不良品を作成し、準備しておいてください。

使用する各記号

①プログラマブルコントローラのラダー図

── ┤├ ── A接点 （LD AND OR）			
── ┤╱├ ── B接点 （LDNOT ANDNOT ORNOT）			
X	入力信号	SET	セット
Y	出力信号	RST	リセット
M	内部リレー	PLF	立下がりパルス
T	タイマ	CMP	比較
C	カウンタ	Add	加算
PLS	微分出力	MOV	転送
SFT	シフトレジスタ	BIN	二進変換

②リレーシーケンス回路

	押しボタンスイッチ　A接点
	押しボタンスイッチ　B接点
	リレー　A接点
	リレー　B接点
	タイマ　A接点（オンデレー）
	タイマ　B接点（オンデレー）
T	タイマ
C	カウンタ
CR	リレー
(R)L	（赤）ランプ

制御盤とコントローラーとの接続図 (サンプル)

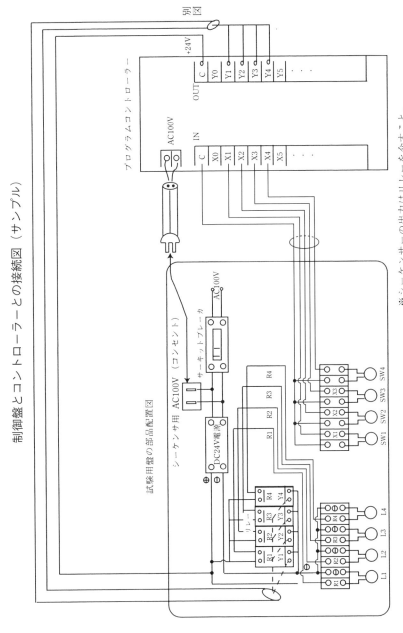

試験用盤の部品配置図

※シーケンサーの出力はリレーを介すこと。
※実際の試験と異なる場合があります。

15

第1章

基礎知識

[1] 配線作業

　電気系保全作業の実技試験で必ずクリヤーしなければならないのが、配線作業である。試験にあたっては、事前に準備するもの、試験場で用意されるものを十分確認しておく。試験場で準備されるものとしては電線、圧着端子および制御用盤とがある。制御用盤と自分で用意したプログラマブルコントローラ（シーケンサ）との間の配線は、自分で行わなければならない。

　配線図は、渡されず、問題において、「試験用盤とプログラマブルコントローラを用いて入力3点、出力4点（2級の場合3点）の配線を行いなさい」と書かれてあるだけである。一瞬とまどうかも知れないが、実務をやられている人にとっては、簡単な配線である。配線をあまりやられていない人にとっては、けっこう時間がかかり、配線の出来具合によって、相当の減点が予想される。従って、事前に、電線の皮むき、圧着の練習も必要となる。

1．使用配線

　配線に使用される配線については、多種多用のものがあるが、作業試験に使用されるものは、制御用ということで、IV電線0.75または1.25mm^{2}が使用される。電線の被覆の色については、直流12、24V系が青、交流100、200V系が黄を使用するのが一般的である。電線の太さによって、圧着端子、圧着工具が選定される。

配線作業のポイント

① 配線の数を少なく、かつ短くし、余分な配線は行わない。

② 配線の長さを適切にし、束ねて制御盤をきれいに見せる。

③ 部品、器具等の上側を横切るような配線は行わない。

④ 被覆をむく時に芯線に傷をつけないこと。

⑤ 減線をしないこと。

⑥ 極度に折り曲げないこと。

⑦ 配線完了後は、主要部について、テスタで間違いのないことを確認してから電源投入を行う。

2. 圧着作業

実技試験では、一般的に使用されている圧着端子を用いた圧着作業が採用されている。圧着作業は、圧着端子のスリーブ部分に被覆をむいた電線を差込み、圧着工具でスリーブ部分を押圧して、ジョイントする。圧着端子または圧着工具のサイズが電線に合わないと接触不良や断線の原因となるため、減点の対象となる。圧着端子は、JIS C2805に定められているものを使用する。

圧着接続に使用する工具には、次のものがある。

ワイヤストリッパ

電線の被覆をはぐ専用工具で、電線の被覆や芯線を痛めにくく作られている。

圧着工具

手動式と油圧式があるが、実技試験にあたっては、電線も細いため、手軽な手動式を準備する。なお、0.75mm^{2}と1.25mm^{2}の圧着が可能なものを準備する。

圧着作業のポイント

① 圧着の際には、電線の被覆への傷、素線の切断、傷などを発生させないように十分気をつける。

② 電線サイズに適合する端子を選定する。

③ 圧着工具の使用サイズと電線太さが合っていることを確認する。

④ 圧着工具のガタなどがないことを確認する。

⑤ あらかじめテストピースを作り、圧着状態を確認しておく。

⑥ 圧着端子の中心をくわえるようにして、端子に垂直に力をかける。

図1-1　圧着の状態

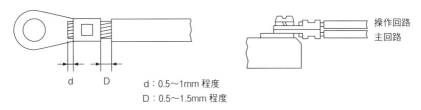

d：0.5～1mm 程度
D：0.5～1.5mm 程度

⑦　圧着の状態を図1-1に示す。

3．端子の締め付け

適度の力で次の要領で締めつける。

①　バネ座金を入れる。

②　同一端子に2本の電線を取付ける場合は、圧着端子の背面を合わせて
　締めつける。

③　同一端子台に3本の取付けは禁止。

④　圧着端子部の電線の先端とボルトが当たらないようにする。

⑤　圧着端子の締付けボルトを締付け過ぎないようにする。
　締付トルクは概略次のとおり。

　　　M4　のネジ　　10～13　［kgf・cm］

　　　M5　のネジ　　20～25　［kgf・cm］

　　　M6　のネジ　　40～50　［kgf・cm］

４．リレーの構造

（１） リレーの基礎知識

　配線作業を行う前に、予めリレーについての構造をよく理解しておかないと接続誤りをするので、図にもとずいて理解をしておく。

　リレーの動作は、リレーの巻き線（コイル）に電圧がかかることにより、コイルの鉄心が磁石となり、接点部分の鉄片が吸引され、接点が閉じる仕組みになっている。コイルに電圧がかかって、接点部分が閉じて端子間が導通状態となる接点を　Ａ接点　と呼ぶ。逆にコイルに電圧がかかっていないときに、端子間に導通があり、電圧がかかった時に端子間の導通がなくなる接点を　Ｂ接点　と呼んでいる。

　図1-2、1-3でＡ接点、Ｂ接点は次の端子番号で表示される。

Ａ　接点（端子番号）	Ｂ　接点（端子番号）
5－9	1－9
6－10	2－10
7－11	3－11
8－12	4－12

　　　　　ただし、9、10、11、12　の端子は共通端子となる。

　コイル端子は、13及び14　となる。DC（直流）の場合は方向性があるので注意が必要である。通常13が−となる。

図1-2　リレー差込ピンの番号

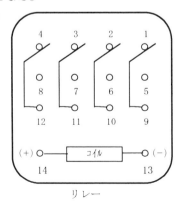

リレー

図1-3　リレーのソケットの配置図

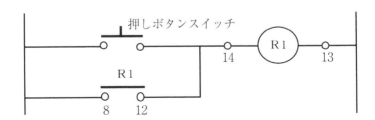

（2）　リレーの接続

　下記のラダー図をもとに実配線を図1-4に示す。

図1-4 実配線図

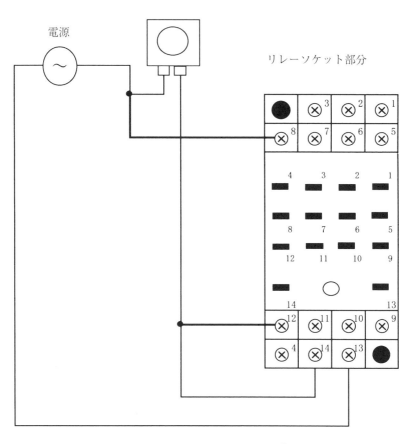

押しボタン
スイッチ

電源

リレーソケット部分

コイル　　１３－　１４

Ａ　接点　　８－　１２

5．実配線作業

　配線作業を行う場合、電源回路、入力回路、出力回路に区分して、進めると誤りがなく、すっきりと配線される。

（1）　電源回路の配線接続

　試験場によって AC100V の接続方法は多少異なるがコンセントへ差込、または圧着端子を取付け端子への直接接続を行う。

図1-5　電源回路の接続、AC100V の接続

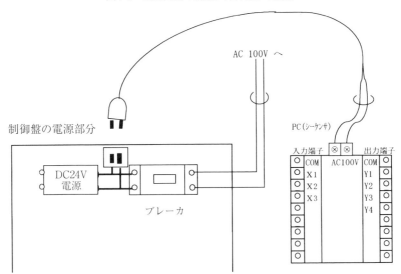

※　ポイント

① 　配線を適度な長さとする。配線が機器に巻き付いたり、乱雑になると、安全性に欠けるということになり減点の対象になる。

② 　会場の都合により、100V コンセントの場所が指定される場合は、その指示に素直に従う。

③ 　AC100V は、感電事故が発生する可能性があり、また、ショートさせると元のブレーカがとび、他の人に与える影響が大きいということで失格となるので十分気を付ける。

（2）　入力回路の配線接続

　電源回路の配線が完了したら、電源投入はせず、そのまま入力回路の配線作業にうつる。

　最初に入力接点数をタイミングチャートより、確認しておく、必要以上の配線を行うと減点の対象となるので注意する。

　下記の場合、3入力接点が必要となった場合の例を示す。

① 　コモン線　2本（渡り）を作成し、接続する。線は適度な余裕を持たせ、長過ぎないこと。

② 　制御盤の端子台とPC（シーケンサ）との接続、COMからの線　1本、

接点入力線　　　3本

　渡り線以外は、ほぼ同程度の長さを作成し、片側だけ、先に圧着しておく。

　配線を接続する際、電線の長さを現物に合わせながら切断し、他端を圧着し、端子へ接続する。電線に余裕長を残さず、きっちりした見栄えの良い配線作業を行う。

図1-6　入力回路の配線接続

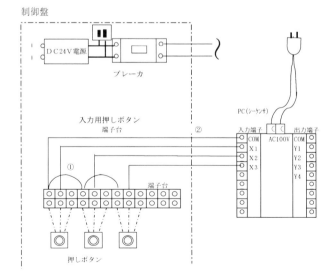

（3）　出力回路の配線接続

　A、ランプとリレーとの間の配線接続

図1-7　出力回路の配線接続

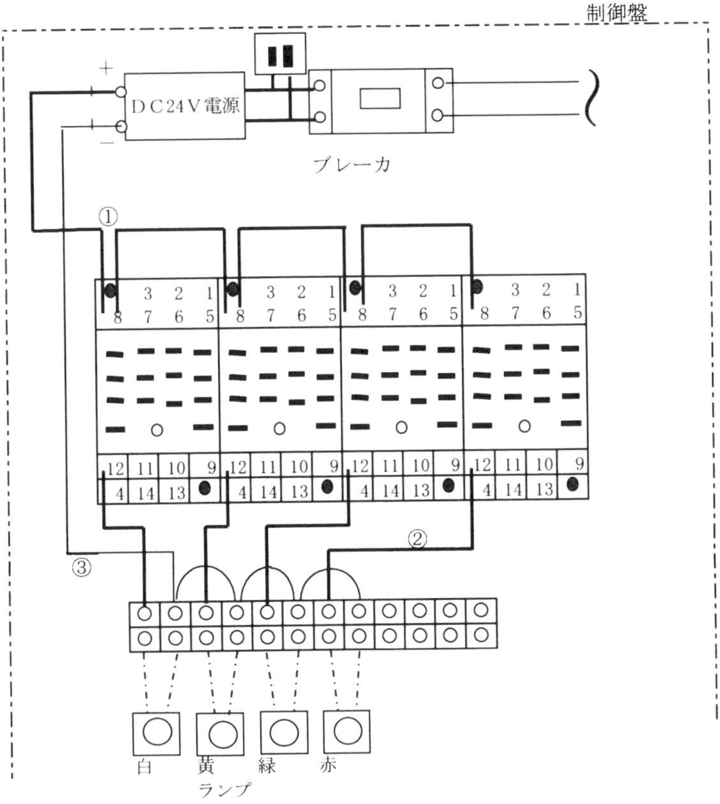

上記の配線図を確認しながら次の配線を行う。

① 　DC24V　＋　より　各リレーの　A　接点までの配線　　　　　4本
　　　　　　　　　　　　　　　　　　　　（ソケット端子の8番）

② 　各リレーの　A　接点を通過し、12番端子から各ランプの端子台へ　4本

③ 　DC24V　−　より　各ランプの端子台へ　（配線3本は、渡り線）　4本

B、シーケンサとリレーとの間の配線接続

図1-8　シーケンサとリレーの間の配線接続

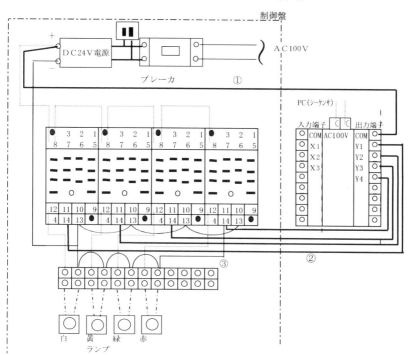

上記の配線図を確認しながら次の配線を行う。

①　DC24V　＋　より　シーケンサ　の　出力コモン　までの配線　1本
                                  （ソケット端子の8番）

②　シーケンサ　の　出力　接点より、リレーの　コイル14番端子へ

                                                    4本

③　DC24V　−　より　リレーの　13番端子へ　（配線3本は、渡り線）

                                                    4本

26

［2］タイムチャートとのかかわり

　電気保全の実技検定試験において、現場の機械の動きをタイムチャートとして表示しているため、タイムチャートについて、良く理解しておかなければならない。以下にタイムチャートの描き方について説明する。

1．動作チャートとタイムチャート

　動作チャートも同じ意味で使用されているケースが多々あるが、ここでは両者を区別して説明する。すなわち、機械装置の動作を示す場合を「動作チャート」と呼び、プログラマブル・コントローラ（PC）の動作を示す場合をタイムチャートと呼ぶことにする。

　動作チャートの場合は、アクチュエータなどの動作速度、移動距離などに応じて線の傾斜や高さを変えて描く。つまり、機械装置がどのような動きをするかが分かるように描く。この場合実際の速度、移動距離、動作時間などに正確に合わせて描く必要はない。どの時点でアクチュエータが前進するか、どの時点で速度が変わるか、どの時点で停止するか、どの時点で後退するか、といった制御対象となる点が明確になっていれば良い。（図1-9）

　タイムチャートの場合は、PC のリレーの動きを表すので ON と OFF の2値しか存在しない。したがって、線の傾斜とか高さを変える必要はない。一定の傾斜、一定の高さで描けばよい。要はリレー相互のタイミング関係が明確に示されていれば良い。タイマなども実際の設定時間と時間軸とを合わせて描く必要はなく、動作チャートに合わせてあれば良い。設定時間はコーディングのために数字で示しておけば十分である。

　タイムチャートを描く場合、リレーの転換時間を示すために立ち上がり時および立ち下がり時に傾斜を付けて描

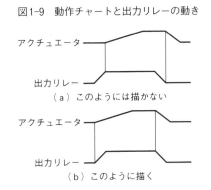

図1-9　動作チャートと出力リレーの動き

アクチュエータ

出力リレー

（a）このようには描かない

アクチュエータ

出力リレー

（b）このように描く

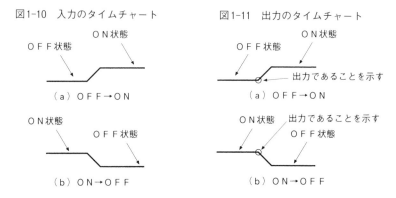

図1-10　入力のタイムチャート

ON状態

OFF状態

（a）OFF→ON

ON状態

OFF状態

（b）ON→OFF

図1-11　出力のタイムチャート

ON状態

OFF状態

出力であることを示す

（a）OFF→ON

ON状態　出力であることを示す

OFF状態

（b）ON→OFF

く（図1-10、図1-11）が、実際のリレー転換時間はミリ秒単位であるから、機械の動作からみると、ほとんどの場合無視できる値である。したがって、機械装置の動作チャートと PC の出力リレーの動きを関連付ける場合、機械装置が動作を開始するタイミングと同じタイミングで出力リレーが ON／OFF するようにタイムチャートを描くことにする。

　図1-9（a）のような描き方が本来は理屈に合っているが、アクチュエータの動作時間に対してリレーの動作時間は無視できる値なので、図1-9（b）のように描く方が実状によくマッチするからである。

2．タイムチャートを描く上での約束

　タイムチャートの良い点は、すべての要素の動きが一覧できるということである。フローチャートもコンピュータのプログラムを組むような場合はきわめて有効であるが、いちいち流れを追って見ないと動きが良くりかいできない。その点タイムチャートは、必要な時点の状態をすぐ把握することができる。

　どの出力リレーを ON するには、どの入力リレーとどの入力リレーを使えば良いか、といったことが一目瞭然である。したがって、タイムチャートがきちんと描かれていれば、ラダー図でもコーディングでも全く機械的に行うことが可能となる。

　従来使用されているタイムチャートの多くは、単にリレーが ON であるか

OFFであるか分かればよい、という形式のものが多いが、入力リレーのタイムチャートは、図1-10に示すような描き方をし、出力リレーのタイムチャートは、図1-11に示すような描き方をする。

　ここで、「ON」とはリレーコイルが通電された状態あるいは、リレーのa接点が閉じた状態（b接点が開いた状態）をいい、「OFF」とはリレーコイルが無通電の状態あるいはリレーのa接点が開いた状態（b接点が閉じた状態）をいう。

　入力リレーと出力リレーとの関係は、図1-12に示すように入力側に●（入力記号）を付し、出力側に○（出力記号）を付し、両者の間を実線で結ぶ。この実線を関係線と呼ぶことにする。このような描き方をすれば、どのリレーがどのリレーと関連性があるかということが一目でわかるようになる。たまたま同じタイミングで複数のリレーがONあるいはOFFしているような場合でも、関連性があるリレーグループを容易に区別することができる。

　PCで使用されているタイマ機能は、一般にオンディレータイマ（タイマのコイルが通電されてから設定された時間が経過した後、タイマの出力接点がONする。）である。タイマを駆動する接点Xとタイマ TIM との関係は図1-13のように描くこととする。

　カウンタの場合は、図1-14に示すように描くこととする。

　図1-14(a)は、カウント入力X1によってちょうどカウンタCNTがカウントアップし、その後リセット入力X2によってリセットされる場合を示す。また、図1-14(b)は、複数のカウント入力があり、カウント入力X2によってカウントアップした場合を示す。

　パルス機能（微分機能）については、図1-15に示すような描き方をする。

図1-12　入出力の関係　　　　　図1-13　タイマのタイムチャート

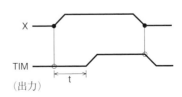

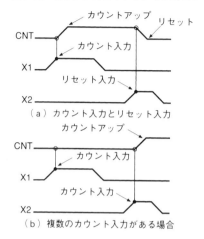

図1-14　カウンタのカウントアップ時のタイムチャート

（a）カウント入力とリセット入力

（b）複数のカウント入力がある場合

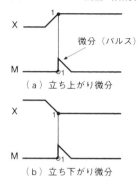

図1-15　パルス機能（微分）

（a）立ち上がり微分

（b）立ち下がり微分

入力記号の左側に書かれている数字1と出力記号の右側に書かれている数字1とは、入力Xの立ち上がり（または、立ち下がり）によってパルス出力（微分）が行われることを示す。この数字を整理番号と呼ぶ。通常複数の出力に複数の入力が関連しているような場合に、どの出力にはどの入力が関連しているかということを明確にするために整埋番号を用いる。

3．タイムチャートとラダー図

　タイムチャートからラダー図を描く場合、出力のリレーはキープリレーにすることを原則とする。継電器回路に習熟した人たちは、記憶要素として自己保持回路をよく用いている。

　電磁的な継電器の場合、キープリレーは永久磁石などが使用されていて、一般の継電器よりも高価なので、停電時にも保持する必要があるような場合を除いては、キープリレーは使用しないで自己保持回路が多く用いられてきた。そのなごりでPCにおいても自己保持回路が意外と多く用いられている。

　自己保持回路の大きな欠点は、セット条件が正論理でリセット条件が負論理となることである。すなわち、出力リレーをONするには、接点が閉じた

図1-16　キープリレーのタイムチャート

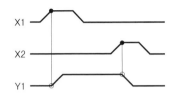

図1-17　キープリレーのラダー
　　　　ダイアグラム

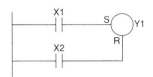

（a）一つのネットワークとして描く1

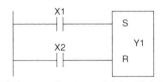

（b）一つのネットワークとして描く2

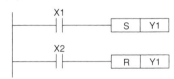

（c）セットとリセットを別の
　　ネットワークとして描く

図1-18　同一接点による出力の
　　　　ON/OFF

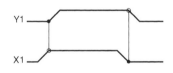

図1-19　ラダーダイアグラム

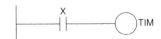

という条件を利用し、OFFするには、すべての接点が開いたという条件を利用するので、特に初心者には分かりにくいものである。キープリレーを用いると、セットもリセットも正論理となるので誰でも理解しやすい。

　図1-16のタイムチャートをキープリレーとしてラダー図に変換すると、図1-17のようになる。図1-17（a）、（b）はキープリレー命令が一つのネットワークとなっている場合（OMRONなど）である。図1-17（c）は、キープリレー命令が複数のネットワークとなっている場合（三菱など）である。

　同一リレーのa接点でセットし、b接点でリセットするような場合（図1-18）は、図1-20のように変換すればよい。図1-13のタイマの場合は、図1-19のように変換すればよい。図1-14（a）のカウンタの場合は、図1-21のように変換すればよい。図1-21（a）は、カウンタが一つのネットになっている場合（OMRONなど）、図1-21（b）は、カウンタが複数のネットワークとなっている場合（三菱など）である。

31

図1-20　図1-18のラダーダイアグラム

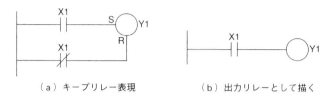

（a）キープリレー表現　　　（b）出力リレーとして描く

図1-21　カウンタのラダーダイアグラム

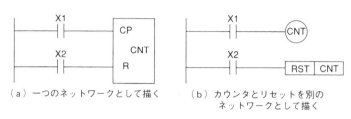

（a）一つのネットワークとして描く　　（b）カウンタとリセットを別の
　　　　　　　　　　　　　　　　　　　　　ネットワークとして描く

4．動作チャートからタイムチャートを描く

　動作チャートを描き、その動作チャートを基準としてタイムチャートを描く過程を二つのシリンダの場合を例にとって説明する。

　今、水平駆動用のシリンダと、垂直駆動用シリンダの二つのシリンダを想定する。

① 　始動ボタンを押す。

② 　後退端にあった水平シリンダが前進開始

③ 　水平シリンダが前進端に達すると、下降端にあった垂直シリンダが上昇開始

④ 　垂直シリンダが上昇端に達して5秒経過すると下降開始

⑤ 　垂直シリンダが下降端に達すると水平シリンダが後退開始

⑥ 　水平シリンダが後退端に戻る

　まず、図1-22は、上記二つのシリンダの動きを描いたものである。シリンダ移動時の傾斜は適当に描けばよいが、速いとか遅いとか、ある程度実感がつかめるように描くとよい。まず、左側に対象とする機器の名称、すなわ

ち「水平シリンダ」といった名称を書く。そしてその名称の右側の上下にその機器の状態、すなわち「前進」や「後退」といった状態を書く。縦軸は機器の動作状態を表し、横軸は時間や工程を表す。

　図1-23は、水平シリンダ駆動用のソレノイド（水平SOL）と垂直シリンダ駆動用のソレノイド（垂直SOL）の動きを、それぞれ水平シリンダと垂

図1-22　動作チャート

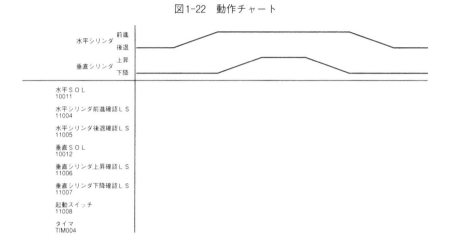

図1-23　出力リレー（SOL駆動用）のタイムチャート

図1-24　入力リレー（関連するLS）のタイムチャート

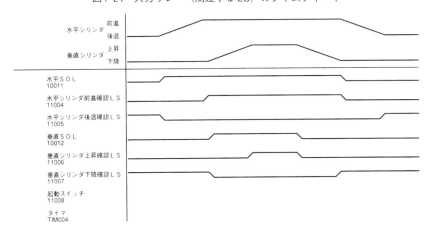

図1-24　入力リレー（関連するLS）のタイムチャート

直シリンダの動作チャートに合わせて描いたものである。

　図1-24は、シリンダの位置を確認するリミット類、すなわち水平シリンダ前進確認LS、水平シリンダ後退確認LS、垂直シリンダ上昇確認LS、垂直シリンダ下降確認LSの動きを追加したものである。これらはすべて動作チャートに合わせて描く。

図1-25　入力リレー（起動スイッチ）

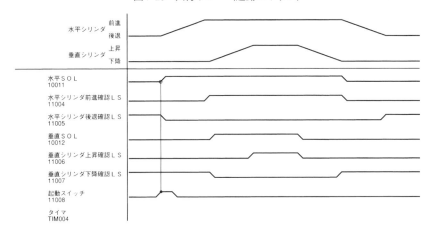

図1-26　タイマーのタイムチャート

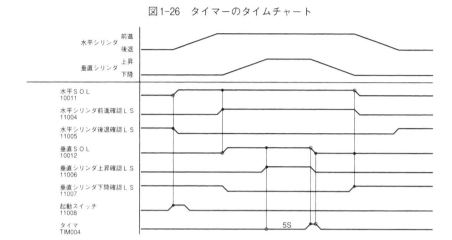

図1-27　論理チェックを行い微分パルスを追加

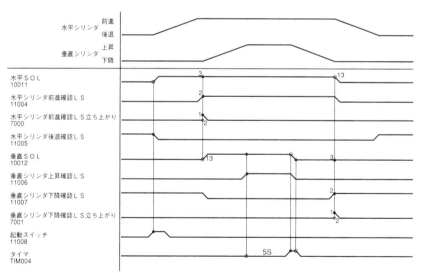

35

図1-25は、起動スイッチの動きを追加したものである。

図1-26は、タイマの動作を追加し、関連するリレー間に関係線を引き、入力記号、出力記号を付加したものである。

ところで、図1-27の段階では、一応このように制御したいということをタイムチャートに表したわけであるが、リレーのセット／リセットの関係などを子細にチェックすると、矛盾する点が見つかる場合がある。

本例でも、水平のSOLは垂直のSOLのb接点と垂直シリンダ下降確認LSのa接点がリセット条件になっているので、リセット条件が優先してセット不能となる。

また、垂直SOLは水平SOLのa接点によってセットし、タイマのタイムアップ（a接点）によってリセットするようになっているが、タイマがOFFしても入力条件は変わらないので、すぐ再セットされてしまうことになる。

図1-28　ラダー図（例）

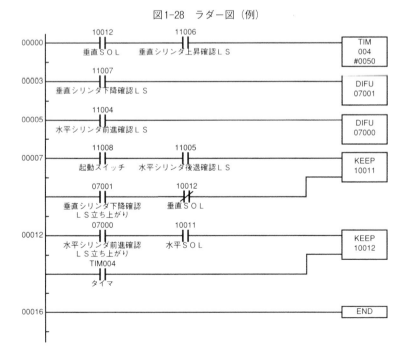

したがって、垂直シリンダ下降確認の立ち上がり微分（垂直シリンダ下降確認 LS 立ち上がり）と垂直 SOL の b 接点によって水平 SOL をリセットし、水平シリンダ前進確認 LS の立ち上がり微分（水平シリンダ前進確認 LS 立ち上がり）と水平 SOL の a 接点によって垂直 SOL をセットするようにしなくてはならない。

　タイムチャートを用いるとこのように机上におけるデバックが容易に行える。論理チェックを行い修正したタイムチャートをラダー図に変換すると、図1-28のようになる。ラダー図が描ければコーディングは全く機械的に行うことができる。

第 2 章

シーケンス基礎問題

　シーケンスを組む場合において、回路が複雑になればなるほど回路を標準化したりブロック化したりして、解りやすく整理整頓する必要が生じます。また、回路の組み方は、人によって様々な形になってくることがあります。過去に痛い目に会った人は、安全回路等を考慮し、慎重で確実な回路を組もうとします。したがって、一定の入力条件に対して、結果としての出力がOK であればよいという解釈をしていただきたいと思います。

　また、この問題の解答についても一例を示したものであり、他にも複数の解答がありますので、自分に合った組み方を習得していただければよいと思います。

〔問題１〕

　スイッチを押すとリレー CR が入る回路を作成しなさい。

〔解答１〕

〔問題２〕

　押しボタンスイッチを押し、すぐ離してもランプが点灯し続ける回路を作成しなさい。

〔解答２〕

　自己保持回路

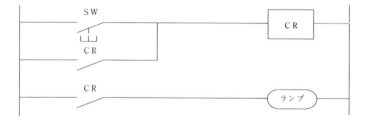

〔問題 3 〕

　押しボタンスイッチ（SW1）を押し、すぐ離してもランプが点灯し続け、さらに押しボタンスイッチ（SW2）を押すとランプが消える回路を作成しなさい。

〔解答 3 〕

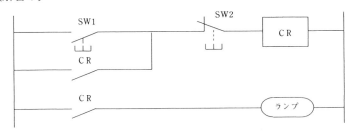

〔問題 4 〕

　押しボタンスイッチ（SW1）を押したままの状態で、ランプが点灯し、押しボタンスイッチ（SW2）を押すとランプが消える回路を作成しなさい。

〔解答 4 〕

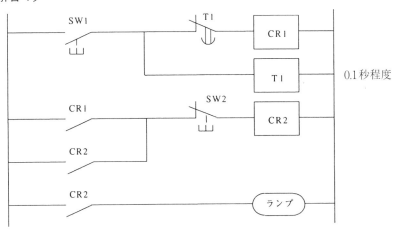

〔問題5〕

　押しボタンスイッチ（SW1）を押して、一定時間後にランプが点灯し、押しボタンスイッチ（SW2）を押すとランプが消える回路を作成しなさい。

〔解答5〕

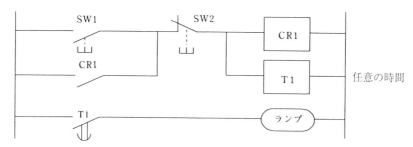

〔問題6〕

　押しボタンスイッチ（SW1）を押し、ランプが点灯し、押しボタンスイッチ（SW2）を押してから一定時間後にランプが消える回路を作成しなさい。

〔解答6〕

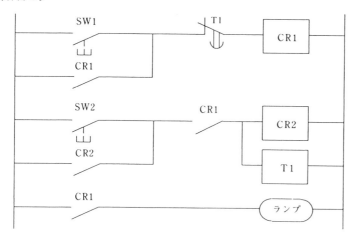

〔問題7〕

　押しボタンスイッチ（SW1）と押しボタンスイッチ（SW2）が押されている間、ランプが点灯する回路を作成しなさい。

〔解答7〕

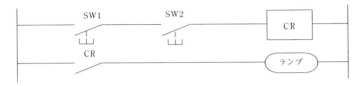

〔問題8〕

　押しボタンスイッチ（SW1）を押して、戻す（離す）時にランプが点灯し、押しボタンスイッチ（SW2）を押してランプが消える回路を作成しなさい。

〔解答8〕

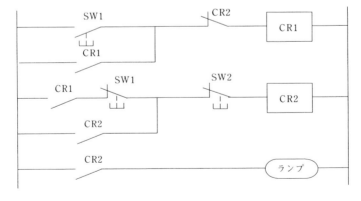

〔問題9〕

　押しボタンスイッチ（SW1）を押すとランプ1が点灯し、押しボタンスイッチ（SW2）を押すとランプ2が点灯する。このとき、早くスイッチを押した方のランプだけ点灯させ、自己保持する回路を作成しなさい。

〔解答9〕

　優先回路

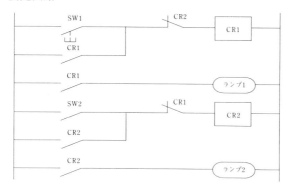

〔問題10〕

　押しボタンスイッチ（SW1）を押して、一定時間（3秒）後にランプが点灯し、さらに一定時間（4秒）後にランプが消える回路を作成しなさい。

〔解答10〕

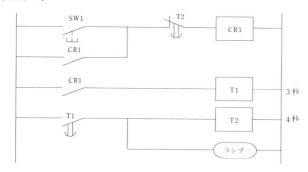

〔問題11〕

　押しボタンスイッチ（SW1）を押し、押しボタンスイッチ（SW2）を押すまでの間、繰り返しパルスを発生させる回路を作成しなさい。ただし、パルスは、SW1 により、すぐ立ち上がり、アップ 3 秒、ダウン 4 秒とする。

〔解答11〕

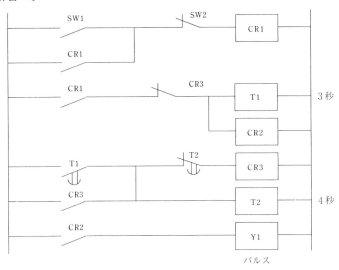

〔問題12〕

　押しボタンスイッチ（SW1）を押し、押しボタンスイッチ（SW2）を押してから一定サイクルが終わるまでの間、繰り返しパルスを発生させる回路を作成しなさい。ただし、パルスは、SW1 により、すぐ立ち上がり、アップ 3 秒、ダウン 4 秒とする。

〔解答12〕

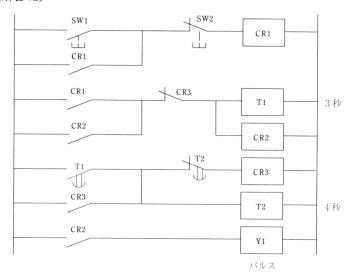

〔問題 13〕

　押しボタンスイッチ（SW1）をスタート条件とし、順次、補助リレー CR1、CR2、CR3、が「ON」する回路を作成しなさい。ただし、「ON」時間は 3 秒とし、タイムチャートは次のようになる。

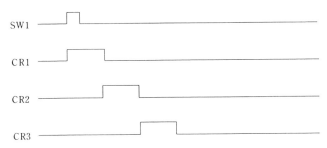

〔解答 13〕

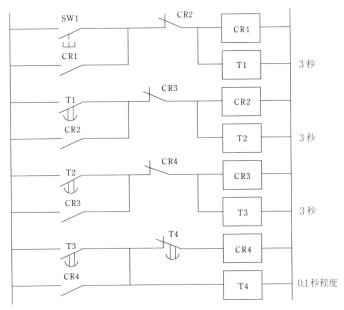

〔問題14〕

　押しボタンスイッチ（SW1）を条件とし、順次、下記の通り補助リレーが「ON」する回路を作成しなさい。ただし、タイムチャートは次のようになる。

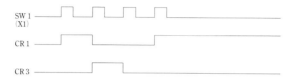

〔解答14〕

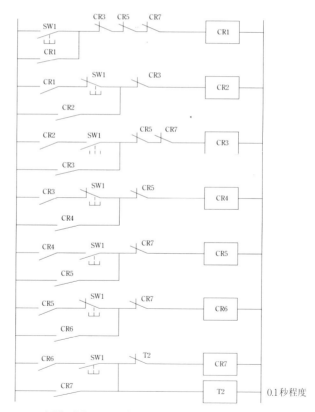

※実配線の場合は、SW1は補助リレーで置き換えてください。

〔問題15〕

　押しボタンスイッチ（SW1）をカウントし、3カウント目で出力Y1を「ON」させる回路を作成しなさい。ただし、タイムチャートは次のようになる。

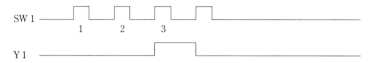

〔解答15〕

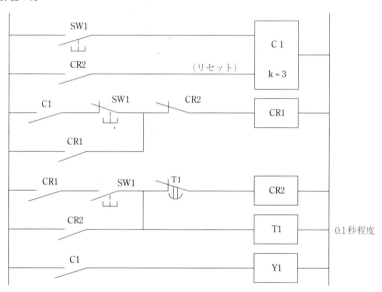

49

第3章
プログラマブルコントローラに関する基礎的応用命令

〔問題1〕　セット・リセット

　起動を指令するスイッチ SW1 の ON により、出力 Y1 を点灯させ、スイッチ SW2 の ON により、出力 Y1 が消灯、出力 Y2 が点灯する回路を作成しなさい。

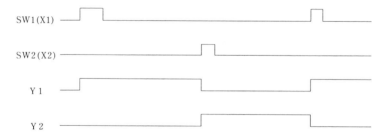

〔解答1〕

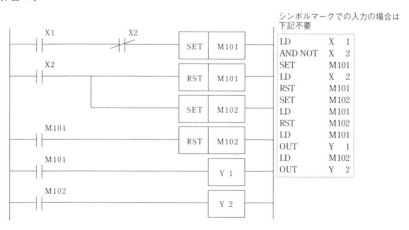

シンボルマークでの入力の場合は下記不要		
LD	X	1
AND NOT	X	2
SET	M101	
LD	X	2
RST	M101	
SET	M102	
LD	M101	
RST	M102	
LD	M101	
OUT	Y	1
LD	M102	
OUT	Y	2

〔問題2〕　ON-OFF 変化（立ち下がり）時パルス発生

スイッチ SW1 を ON し、手を離して OFF のタイミングで、1 スキャンの
幅の出力信号を発生させる。

〔解答2〕

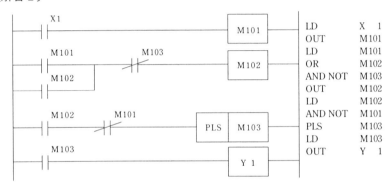

LD	X 1
OUT	M101
LD	M101
OR	M102
AND NOT	M103
OUT	M102
LD	M102
AND NOT	M101
PLS	M103
LD	M103
OUT	Y 1

または、次のようになる。

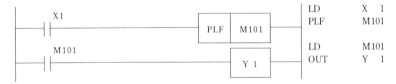

LD	X 1
PLF	M101
LD	M101
OUT	Y 1

〔問題3〕　プッシュ ON、プッシュ OFF 回路

　スイッチ SW1 を ON した時に、ランプ1出力が ON し、手を離して OFF として再度スイッチ SW1 を ON した時にランプ1が OFF となる回路を作成しなさい。

〔解答3〕

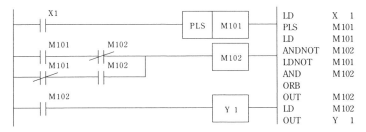

〔問題4〕　一致検出

　2つの信号の一致を検出する回路を作成しなさい。

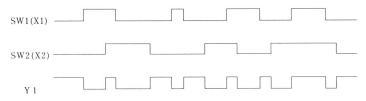

〔解答4〕

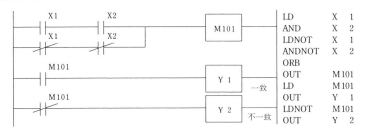

〔問題5〕 比較回路

スイッチ SW1 を ON した回数と、スイッチ SW2 を ON した回数とを比較し、

SW1 の回数＞SW2 の回数でランプ1出力が ON し、

SW1 の回数＝SW2 の回数でランプ2出力が ON し、

SW1 の回数＜SW2 の回数でランプ3出力が ON する回路を作成しなさい。（カウンターリセットは電源 OFF または適宜入れること。）

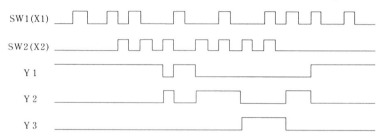

〔解答5〕

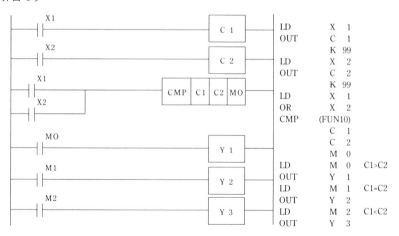

54

〔問題6〕　加算回路

スイッチSW1をONした回数と、スイッチSW2をONした回数とを加算しなさい。（カウンターリセットは電源OFFまたは適宜入れること。）

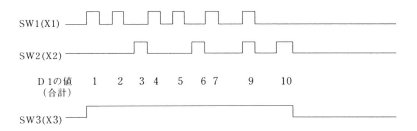

〔解答6〕

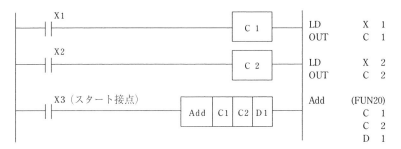

〔問題7〕　データー転送回路

スイッチSW1をONした回数をカウンターにキープさせ、そのデーターをDIというエリアに保管しておく回路を作成しなさい。
（カウンターリセットは電源OFFまたは適宜入れること。）

〔解答7〕

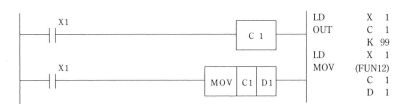

55

〔問題8〕 カウンター値変更回路

　スイッチSW1をONした時に、カウンターを3に、

　スイッチSW2をONした時に、カウンターを4に、

　スイッチSW3をONした時に、カウンターを5に、

それぞれセットできるような回路を作成し、スイッチSW4（X4）を押して、
SW4の回数と選択した上記の数が一致した時に出力ランプを点灯しなさい。
（カウンターリセットは電源OFFまたは適宜入れること。）

〔解答8〕

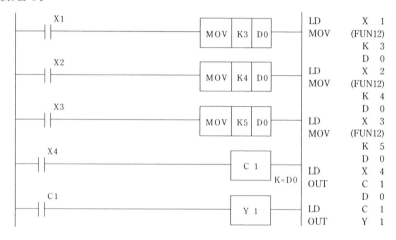

〔問題9〕　シフト回路

　コンベア上に製品があるかないかをSW1で検知して、その状態をタイミングパルスSW2でシフトさせていく回路を作成しなさい。

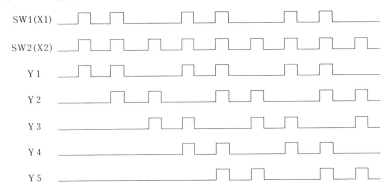

〔解答9〕

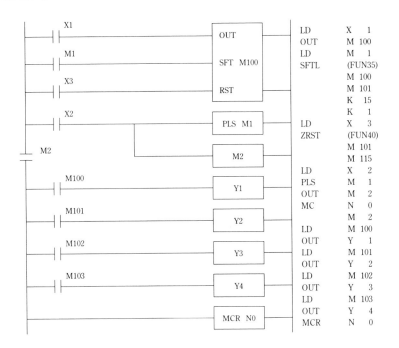

〔問題10〕 10進法を2進法へ変換

スイッチSW1の回数をカウンタに取り込み、10進数を2進数に変換し、出力Y1からY3を使用して、2進数で表示しなさい。

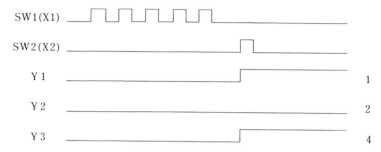

〔解答10〕

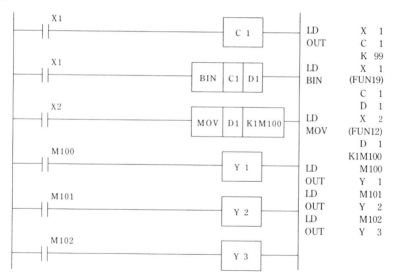

第4章
プログラマブルコントローラ
による
回路の組立て

〔問題1〕　プログラマブルコントローラによる回路組み立て作業（2級）

　試験用盤とプログラマブルコントローラを用いて、入力3点、出力3点の配線を行い、下記に示すタイムチャートにもとづいて、プログラムを入力しなさい。また、変更Ⅰ、変更Ⅱ、のプログラムも入力しなさい。

　ただし、プログラマブルコントローラからの出力は、リレーを介して行うこと。また、配線は適正な長さとし、圧着端子を使用してネジ止めすることとするが、不必要な配線は行わないこと。タイムチャートの始まりは論理0とする。

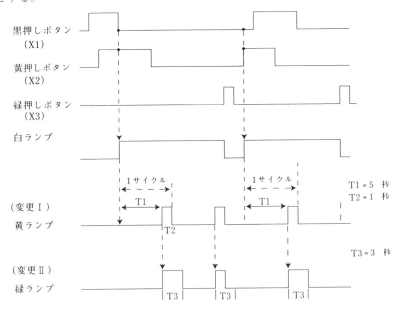

〔解説 1〕

　問題 1 から問題14までは 1 問につき、50分以内で、正確に終わるよう練習をして下さい。

　まず、問題を行う前に、工具関係を準備資料に基づいてチェックする。プログラムコントローラについては、使い慣れたものを使用する。

　制御盤の配線については、未完成となっているため、題意で示されている入力 3 点、及び出力 3 点を簡潔に素早くできるようにしておくこと。入力 3 点とは、制御盤の押しボタンからプログラムコントローラの入力端子までの配線を各 3 組結線する。出力 3 点とは、プログラムコントローラの出力端子から制御盤のリレーのコイル端子台まで、さらにリレーの接点端子台から表示ランプまでの配線各 3 組を結線する。

　結線が終わったら、いよいよタイムチャートに基づいて、ラダー図を考え、プログラムの打ち込みを行う。

　タイムチャートより、入力 X1（黒）、X2（黄）、X3（緑）と出力 Y1（白ランプ）との関係をみると、X1（OFF）、X2（ON）の時、Y1 が ON となる。Y1 は、自己保持し、X3（ON）により、OFF となる。ラダー図は次のようになる。

　ラダー図等の解答は、一例であり、解答者により違ったものになっても何ら問題ありません。

　また、応用命令においては、シーケンサーのメーカ、機種により操作方法が異なりますので、取扱い説明を基にして行ってください。

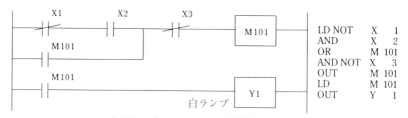

（M101のところへ Y1 を直接使用しても良い）

〔変更Ⅰ〕

　出力2（黄ランプ）は、T1 時間後に ON にし、T2 時間後に OFF、白ラン
プが、点灯している間、繰り返す。ラダー図は次のようになる。

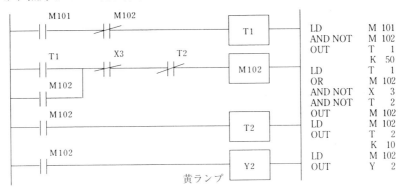

黄ランプ

〔変更Ⅱ〕

　出力3（緑ランプ）は T1 時間後に ON し、T3 時間後に OFF、白ランプ
が点灯している間、繰り返す。ラダー図は次のようになる。

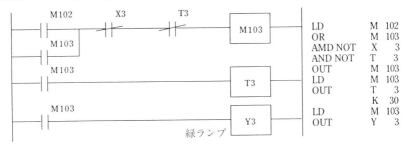

緑ランプ

　ここで変更Ⅰは、典型的な繰り返しパルス発生回路となっているので、パ
ターンとしておぼえておく。

〔問題2〕 プログラマブルコントローラによる回路組み立て作業（2級）

　試験用盤とプログラマブルコントローラを用いて、入力3点、出力3点の配線を行い、下記に示すタイムチャートにもとづいて、プログラムを入力しなさい。

　また、変更I、変更II、のプログラムも入力しなさい。

　ただし、プログラマブルコントローラからの出力は、リレーを介して行うこと。また、配線は適正な長さとし、圧着端子を使用してネジ止めすることとするが、不必要な配線は行わないこと。

　タイムチャートの始まりは論理0とする。

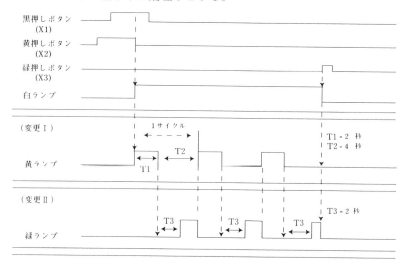

〔解説2〕

　問題1と同様にまず結線を行い、結線終了後、タイムチャートに基づきラダー図を考え、プログラムの打ち込みを行う。

　タイムチャートより、入力X1、X2、X3と出力Y1（白ランプ）との関係をみると、X1（ON）、X2（OFF）の時、Y1がONとなる。Y1は、自己保持し、X3（ON）により、OFFとなる。ラダー図は次のようになる。

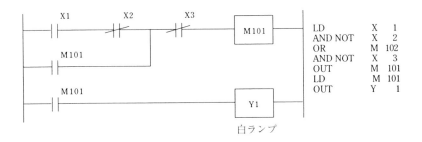

白ランプ

〔変更Ⅰ〕

　出力2（黄ランプ）は、T1時間後にOFFし、T2時間後にON、白ランプが点灯している間、繰り返す。ラダー図は次のようになる。

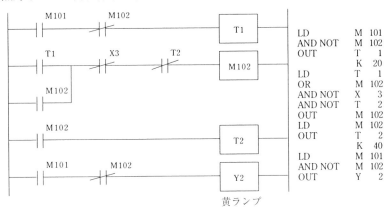

黄ランプ

〔変更Ⅱ〕

　出力3（緑ランプ）は、Y2がOFF後T3時間後にON、Y2がONの時、OFFとなる。ラダー図は次のようになる。

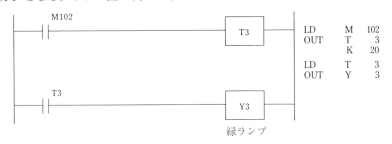

緑ランプ

〔問題3〕 プログラマブルコントローラによる回路組み立て作業（2級）

　試験用盤とプログラマブルコントローラを用いて、入力3点、出力3点の配線を行い、下記に示すタイムチャートにもとづいて、プログラムを入力しなさい。

　また、変更Ⅰ、変更Ⅱ、のプログラムも入力しなさい。

　ただし、プログラマブルコントローラからの出力は、リレーを介して行うこと。また、配線は適正な長さとし、圧着端子を使用してネジ止めすることとするが、不必要な配線は行わないこと。

　タイムチャートの始まりは論理0とする。

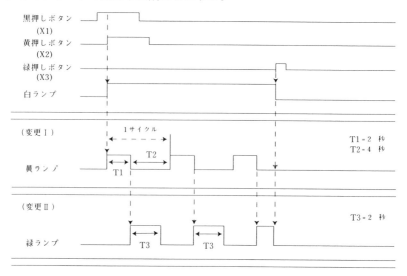

〔解説3〕

　結線作業については、前問と同様のため省略し、タイムチャートに基づき
ラダー図を考え、プログラムの打ち込みを行う。タイムチャートより、入力
X1、X2、X3と出力Y1（白ランプ）との関係をみると、X1（ON）、X2（ON）
の時、Y1がONとなる。Y1は、自己保持し、X3（ON）により、OFFとな
る。ラダー図は次のようになる。

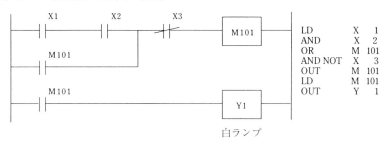

```
LD        X    1
AND       X    2
OR        M  101
AND NOT   X    3
OUT       M  101
LD        M  101
OUT       Y    1
```

白ランプ

〔変更Ⅰ〕

　出力2（黄ランプ）は、上記Y1と同時にONとなり、T1時間後にOFF
し、T2時間後にON、白ランプが点灯している間、繰り返す。ラダー図は
次のようになる。

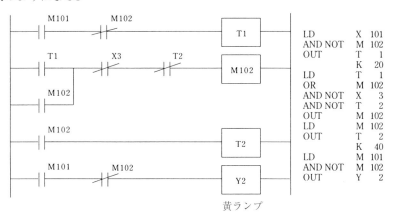

```
LD        X  101
AND NOT   M  102
OUT       T    1
          K   20
LD        T    1
OR        M  102
AND NOT   X    3
AND NOT   T    2
OUT       M  102
LD        M  102
OUT       T    2
          K   40
LD        M  101
AND NOT   M  102
OUT       Y    2
```

黄ランプ

〔変更Ⅱ〕

　出力3（緑ランプ）は、T1アップによりON、T3時間後にOFFとなる。ラダー図は次のようになる。

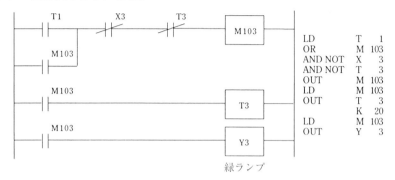

```
LD        T    1
OR        M  103
AND NOT   X    3
AND NOT   T    3
OUT       M  103
LD        M  103
OUT       T    3
          K   20
LD        M  103
OUT       Y    3
```

緑ランプ

66

〔問題4〕　プログラマブルコントローラによる回路組み立て作業（2級）

　試験用盤とプログラマブルコントローラを用いて、入力3点、出力3点の
配線を行い、下記に示すタイムチャートにもとづいて、プログラムを入力し
なさい。

　また、変更Ⅰ、変更Ⅱ、のプログラムも入力しなさい。

　ただし、プログラマブルコントローラからの出力は、リレーを介して行う
こと。また、配線は適正な長さとし、圧着端子を使用してネジ止めすること
とするが、不必要な配線は行わないこと。

　タイムチャートの始まりは論理0とする。

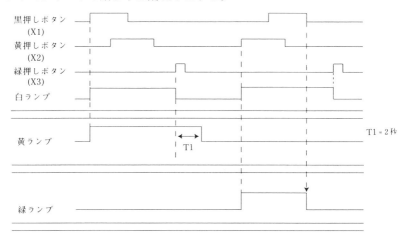

〔解説4〕

　結線作業については、前問と同様のため省略し、タイムチャートに基づき
ラダー図を考え、プログラムの打ち込みを行う。タイムチャートより、入力
X1、X2、X3と出力Y1（白ランプ）との関係をみると、X1（ON）、X2（ON）
のいずれか早いタイミングでY1がONとなる（優先回路）。Y1は、自己保
持し、X3（ON）により、OFFとなる。ラダー図は次のようになる。

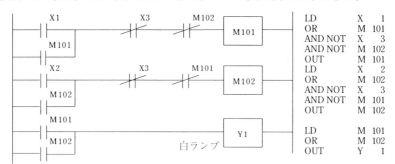

LD	X	1
OR	M	101
AND NOT	X	3
AND NOT	M	102
OUT	M	101
LD	X	2
OR	M	102
AND NOT	X	3
AND NOT	M	101
OUT	M	102
LD	M	101
OR	M	102
OUT	Y	1

〔変更Ⅰ〕

　出力2（黄ランプ）は、M101と同時にONとなり、M101がOFF後、T1
時間遅れてOFFとなる。ラダー図は次のようになる。

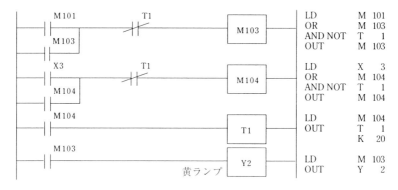

LD	M	101
OR	M	103
AND NOT	T	1
OUT	M	103
LD	X	3
OR	M	104
AND NOT	T	1
OUT	M	104
LD	M	104
OUT	T	1
	K	20
LD	M	103
OUT	Y	2

68

〔変更Ⅱ〕

　出力3（緑ランプ）は、M102と同時にONとなり、X1のOFFのタイミングでOFFとなる。

　ラダー図は次のようになる。

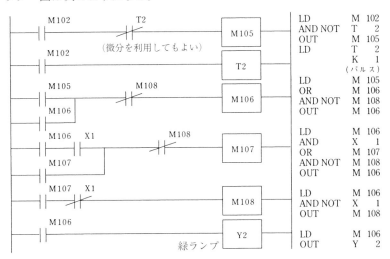

LD	M 102
AND NOT	T 2
OUT	M 105
LD	T 2
	K 1
	（パルス）
LD	M 105
OR	M 106
AND NOT	M 108
OUT	M 106
LD	M 106
AND	X 1
OR	M 107
AND NOT	M 108
OUT	M 106
LD	M 106
AND NOT	X 1
OUT	M 108
LD	M 106
OUT	Y 2

〔問題5〕 プログラマブルコントローラによる回路組み立て作業（2級）

　試験用盤とプログラマブルコントローラを用いて、入力3点、出力3点の配線を行い、下記に示すタイムチャートにもとづいて、プログラムを入力しなさい。

　また、変更Ⅰ、変更Ⅱ、のプログラムも入力しなさい。

　ただし、プログラマブルコントローラからの出力は、リレーを介して行うこと。また、配線は適正な長さとし、圧着端子を使用してネジ止めすることとするが、不必要な配線は行わないこと。

　タイムチャートの始まりは論理0とする。

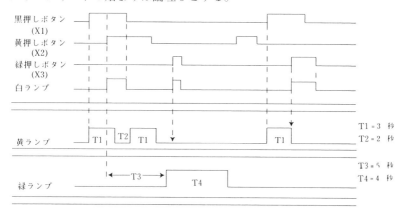

〔解説5〕

　結線作業については、前問と同様のため省略し、タイムチャートに基づき
ラダー図を考え、プログラムの打ち込みを行う。タイムチャートより、入力
X1、X2、X3と出力Y1（白ランプ）との関係をみると、X1（ON）、X2（ON）
が重なった時と、X3（ON）の時に出力Y1（白ランプ）がONとなる。

　ラダー図は次のようになる。

〔変更Ⅰ〕

　出力2（黄ランプ）は、X1（黒押しボタン）により、ONとなり、T1
（ON）、T2（OFF）の繰り返しパルスを発生し、X3（緑押しボタン）でOFF
となる。ラダー図は次のようになる。

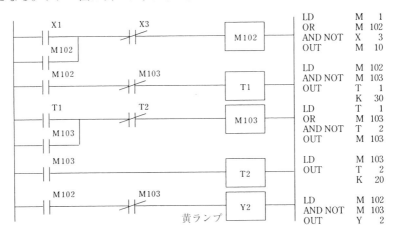

〔変更Ⅱ〕

　出力3（緑ランプ）は、X1とX2がONとなったところから、T3秒後に、ONとなり、T4秒後にOFFとなる。ラダー図は次のようになる。

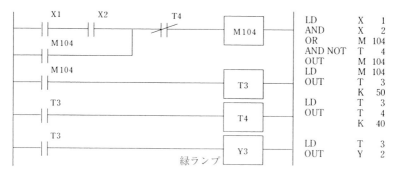

LD	X	1	
AND	X	2	
OR	M	104	
AND NOT	T	4	
OUT	M	104	
LD	M	104	
OUT	T	3	
	K	50	
LD	T	3	
OUT	T	4	
	K	40	
LD	T	3	
OUT	Y	2	

72

〔問題6〕　プログラマブルコントローラによる回路組み立て作業（2級）

　試験用盤とプログラマブルコントローラを用いて、入力3点、出力3点の配線を行い、下記に示すタイムチャートにもとづいて、プログラムを入力しなさい。

　また、変更Ⅰ、変更Ⅱ、のプログラムも入力しなさい。

　ただし、プログラマブルコントローラからの出力は、リレーを介して行うこと。また、配線は適正な長さとし、圧着端子を使用してネジ止めすることとするが、不必要な配線は行わないこと。

　タイムチャートの始まりは論理0とする。

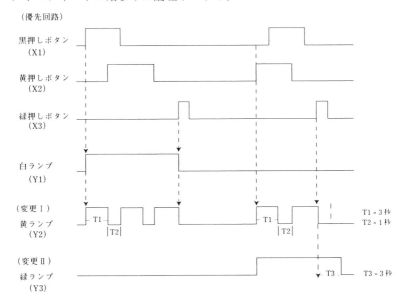

〔解説6〕

　結線作業については、前問と同様のため省略し、タイムチャートに基づきラダー図を考え、プログラムの打ち込みを行う。タイムチャートより、入力X1、X2、X3と出力Y1（白ランプ）との関係をみると、X1がX2より早くONされた時、Y1出力がONとなる。いわゆる優先回路となっている。

　ラダー図は次のようになる。

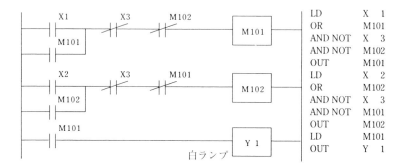

[変更 I]

　出力 2（黄ランプ）は、入力（X1）または入力（X2）の ON により、立上がり、T1 秒 ON　T2 秒 OFF という連続パルスをリセット（X3）が ON されるまで発生する。

　ラダー図は次のようになる。

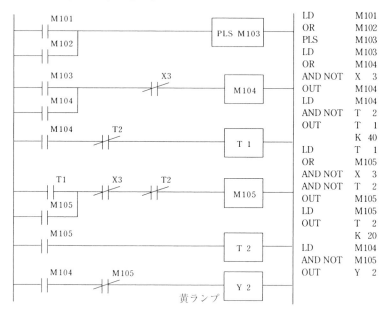

74

〔変更Ⅱ〕

　出力3（緑ランプ）は、入力（X2）の優先により、ON となり、リセット（X3）が ON の後、一定時間後、OFF となる。

　ラダー図は次のようになる。

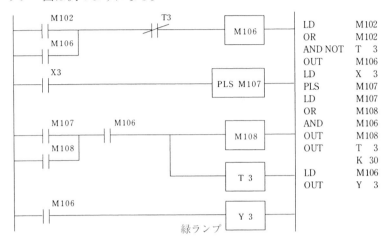

LD	M102	
OR	M102	
AND NOT	T	3
OUT	M106	
LD	X	3
PLS	M107	
LD	M107	
OR	M108	
AND	M106	
OUT	M108	
OUT	T	3
	K	30
LD	M106	
OUT	Y	3

緑ランプ

〔問題7〕 プログラマブルコントローラによる回路組み立て作業 (2級)

　試験用盤とプログラマブルコントローラを用いて、入力3点、出力3点の配線を行い、下記に示すタイムチャートにもとづいて、プログラムを入力しなさい。

　また、変更Ⅰ、変更Ⅱ、のプログラムも入力しなさい。

　ただし、プログラマブルコントローラからの出力は、リレーを介して行うこと。また、配線は適正な長さとし、圧着端子を使用してネジ止めすることとするが、不必要な配線は行わないこと。

　タイムチャートの始まりは論理0とする。

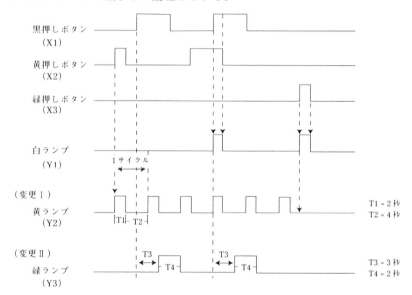

76

〔解説 7〕

　結線作業については、前問と同様のため省略し、タイムチャートに基づき
ラダー図を考え、プログラムの打ち込みを行う。タイムチャートより、入力
X1、X2、X3 と出力 Y1（白ランプ）との関係をみると、X1 と X2 が ON さ
れた時、Y1 出力が、また X3 が ON となった時にも Y1 出力が ON となる。

　ラダー図は次のようになる。

				LD	X 1
				AND	X 2
				OR	X 3
				OUT	M101
				LD	M101
				OUT	Y 1

〔変更Ⅰ〕

　出力 2（黄ランプ）は、入力（X2）の ON により、立上がり、T1 秒
OFF　T2 秒 ON という連続パルスを発生する。リセットは、（X3）が ON さ
れることにより、停止する。ラダー図は次のようになる。

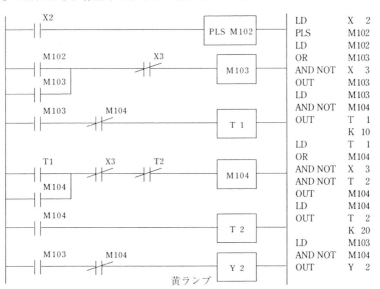

				LD	X 2
				PLS	M102
				LD	M102
				OR	M103
				AND NOT	X 3
				OUT	M103
				LD	M103
				AND NOT	M104
				OUT	T 1
					K 10
				LD	T 1
				OR	M104
				AND NOT	X 3
				AND NOT	T 2
				OUT	M104
				LD	M104
				OUT	T 2
					K 20
				LD	M103
				AND NOT	M104
				OUT	Y 2

〔変更Ⅱ〕

出力3（緑ランプ）は、入力（X1）の立上がり後一定時間（T3）を経た後、ONとなり、T4秒後にOFFとなる。

ラダー図は次のようになる。

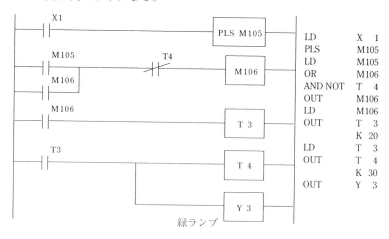

緑ランプ

```
LD       X   1
PLS      M105
LD       M105
OR       M106
AND NOT  T   4
OUT      M106
LD       M106
OUT      T   3
         K  20
LD       T   3
OUT      T   4
         K  30
OUT      Y   3
```

78

〔問題8〕　プログラマブルコントローラによる回路組み立て作業（1級）

　試験用盤とプログラマブルコントローラを用いて、入力3点、出力4点の配線を行い、下記に示すタイムチャートにもとづいて、プログラムを入力しなさい。

　また、変更Ⅰ、変更Ⅱ、変更Ⅲのプログラムも入力しなさい。

　ただし、プログラマブルコントローラからの出力は、リレーを介して行うこと。また、配線は適正な長さとし、圧着端子を使用してネジ止めすることとするが、不必要な配線は行わないこと。

　タイムチャートの始まりは論理0とする。

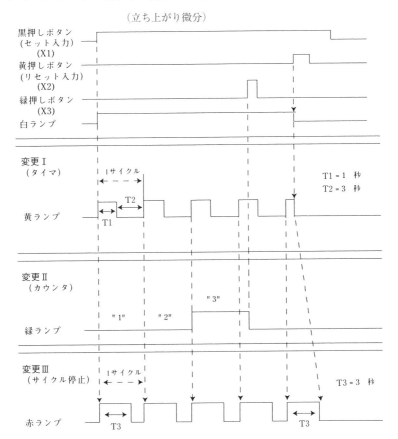

〔解説8〕

結線作業については、前問と同様のため省略し、タイムチャートに基づき
ラダー図を考え、プログラムの打ち込みを行う。タイムチャートより、入力
X1（黒押しボタン）を押し続け、その間にX2（黄押しボタン）を押すと、
出力Y1（白ランプ）が「OFF」となる。この動作を作るためには、X1の立
ち上がり微分を利用して、自己保持回路をつくる必要がある。自己保持回路
は、X2で解き、出力Y1（白ランプ）を「OFF」させる。

ラダー図は次のようになる。

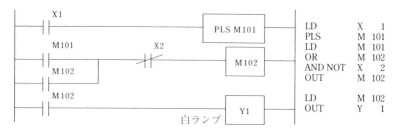

〔変更Ⅰ〕

出力2（黄ランプ）は、X1（黒押しボタン）により、「ON」となり、T1
（ON）、T2（OFF）の繰り返しパルスを発生し、X2（黄押しボタン）で
「OFF」となる。

ラダー図は次のようになる。

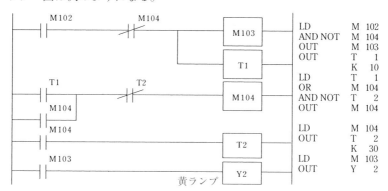

80

〔変更Ⅱ〕

　変更Ⅰで作ったパルスをカウントし、3回目で出力を発生する。X3（緑押しボタン）により、カウンタをリセットする。

　ラダー図は次のようになる。

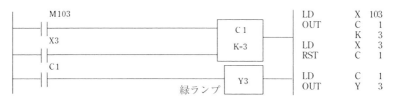

〔変更Ⅲ〕

　出力4（赤ランプ）は、M103のタイミングで「ON」となり、T3秒後に「OFF」となる繰り返しパルスを発生し、X2（黄押しボタン）でサイクル停止となる。

　ラダー図は次のようになる。

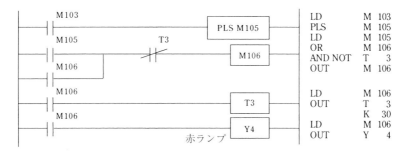

〔問題9〕　プログラマブルコントローラによる回路組み立て作業（1級）

　試験用盤とプログラマブルコントローラを用いて、入力3点、出力4点の配線を行い、下記に示すタイムチャートにもとづいて、プログラムを入力しなさい。

　また、変更Ⅰ、変更Ⅱ、変更Ⅲのプログラムも入力しなさい。

　ただし、プログラマブルコントローラからの出力は、リレーを介して行うこと。また、配線は適正な長さとし、圧着端子を使用してネジ止めすることとするが、不必要な配線は行わないこと。

　タイムチャートの始まりは論理0とする。

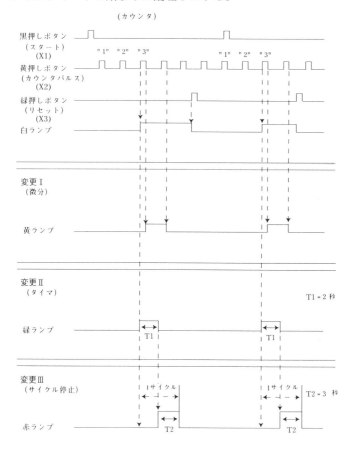

〔解説9〕

　結線作業については、前問と同様のため省略し、タイムチャートに基づきラダー図を考え、プログラムの打ち込みを行う。

　タイムチャートより、入力X1（黒押しボタン）を押すことにより、X2（黄押しボタン）のカウントを開始する。3カウントで出力Y1（白ランプ）が「ON」となる。X3（緑押しボタン）により、出力Y1が「OFF」となる。ラダー図は次のようになる。

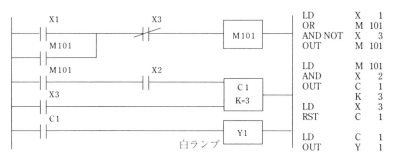

〔変更I〕

　出力2（黄ランプ）は、カウンタがアップ後、X2の立ち下がりパルスで「ON」となり、X2の次の立ち下がりパルスで「OFF」となる。ラダー図は次のようになる。

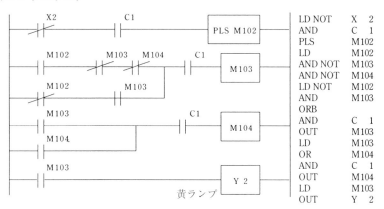

〔変更Ⅱ〕

　3カウント立ち上がり後、T1秒間パルスを出力させる。ラダー図は次のようになる。

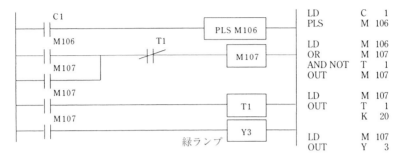

〔変更Ⅲ〕

　出力4（赤ランプ）は、上記パルスの「OFF」信号により、T2秒間パルスを立ち上げ、サイクル停止をさせる。ラダー図は次のようになる。

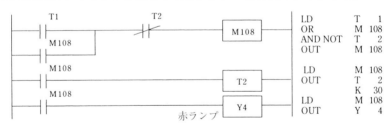

〔問題10〕　プログラマブルコントローラによる回路組み立て作業（1級）

　試験用盤とプログラマブルコントローラを用いて、入力3点、出力4点の配線を行い、下記に示すタイムチャートにもとづいて、プログラムを入力しなさい。

　また、変更Ⅰ、変更Ⅱ、変更Ⅲのプログラムも入力しなさい。

　ただし、プログラマブルコントローラからの出力は、リレーを介して行うこと。また、配線は適正な長さとし、圧着端子を使用してネジ止めすることとするが、不必要な配線き行わないこと。

　タイムチャートの始まりは論理0とする。

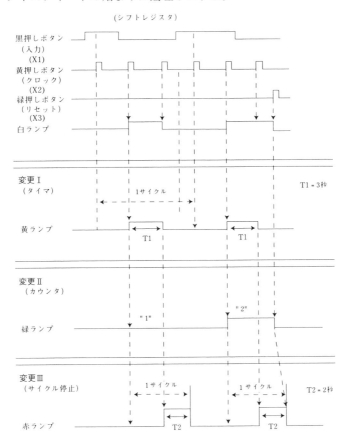

〔解説10〕

　結線作業については、前問と同様のため省略し、タイムチャートに基づき
ラダー図を考え、プログラムの打ち込みを行う。

　タイムチャートより、入力 X1（黒押しボタン）をデータ入力、X2（黄押
しボタン）をシフト入力、X3（緑押しボタン）をリセットとするシフトレ
ジスタを使用する。Y1（白ランプ）は2シフト目のシフトレジスタを使用
する。ラダー図は次のようになる。

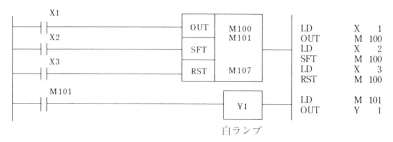

（SFT 入力の X2 が動作不具合の時は、X2 をパルス入力に変更する。）

　（シーケンサーのメーカ、種類等により、操作・取扱方法が異なるので取
扱い説明を良く熟知しておく。）

〔変更 I〕

　出力2（黄ランプ）は、上記 Y1 の立ち上がりと同時に「ON」となり T1
秒後に「OFF」となる。ラダー図は次のようになる。

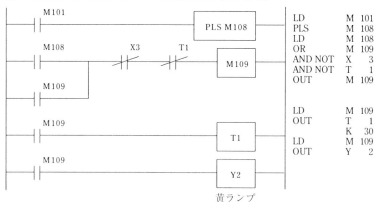

黄ランプ

〔変更Ⅱ〕

　上記 Y2 出力の立ち上がりパルスをカウントし、2 カウント目で Y3（緑ランプ）を「ON」し、X3 によりリセットされる。ラダー図は次のようになる。

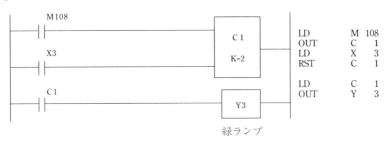

LD　　　M　108
OUT　　C　　1
LD　　　X　　3
RST　　C　　1

LD　　　C　　1
OUT　　Y　　3

緑ランプ

〔変更Ⅲ〕

　出力 4（赤ランプ）は、上記タイマ T1 の「ON」信号により、T2 秒間パルスを立ち上げ、サイクル停止をさせる。ラダー図は次のようになる。

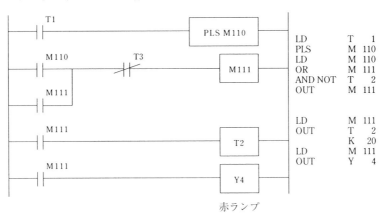

LD　　　　T　　1
PLS　　　M　110
LD　　　　M　110
OR　　　　M　111
AND NOT　T　　2
OUT　　　M　111

LD　　　　M　111
OUT　　　T　　2
　　　　　K　20
LD　　　　M　111
OUT　　　Y　　4

赤ランプ

87

〔問題11〕 プログラマブルコントローラによる回路組み立て作業（1級）

　試験用盤とプログラマブルコントローラを用いて、入力3点、出力4点の配線を行い、下記に示すタイムチャートにもとづいて、プログラムを入力しなさい。

　また、変更Ⅰ、変更Ⅱ、変更Ⅲのプログラムも入力しなさい。

　ただし、プログラマブルコントローラからの出力は、リレーを介して行うこと。また、配線は適正な長さとし、圧着端子を使用してネジ止めすることとするが、不必要な配線は行わないこと。

　タイムチャートの始まりは論理0とする。

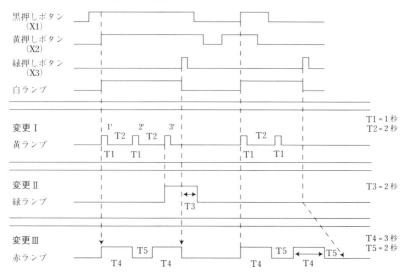

〔解説11〕

　結線作業については、前問と同様のため省略し、タイムチャートに基づき
ラダー図を考え、プログラムの打ち込みを行う。

　タイムチャートより、入力X1（黒押しボタン）を押し、さらにX2（黄押
しボタン）を押すと、出力Y1（白ランプ）が「ON」となる。この動作は、
X1とX2のAND回路となっている。出力Y1（白ランプ）は、X3により
「OFF」となる。ラダー図は次のようになる。

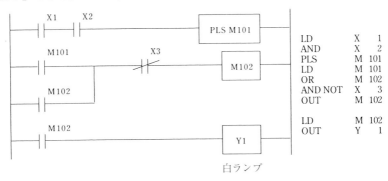

白ランプ

〔変更Ⅰ〕

　出力2（黄ランプ）は、X1（黒押しボタン）により、「ON」となり、T1
（ON）、T2（OFF）の繰り返しパルスを発生し、X3（緑押しボタン）で
「OFF」となる。ラダー図は次のようになる。

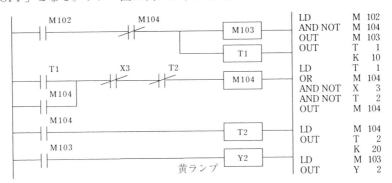

黄ランプ

〔変更Ⅱ〕

変更Ⅰで作ったパルスをカウントし、3回目でY3（緑ランプ）出力を発生する。X3（緑押しボタン）により、T3秒後に出力Y3をリセットする。ラダー図は次のようになる。

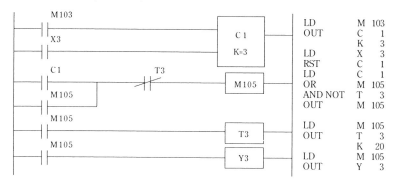

〔変更Ⅲ〕

出力4（赤ランプ）は、M103のタイミングで「ON」となり、T4秒後に「OFF」、T5秒後に「ON」となる繰り返しパルスを発生し、X3（緑押しボタン）でサイクル停止となる。ラダ　図は次のようになる。

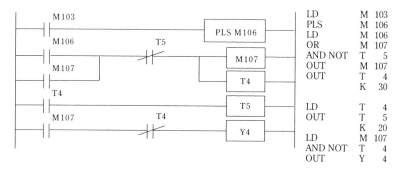

90

〔問題12〕　プログラマブルコントローラによる回路組み立て作業（1級）

　試験用盤とプログラマブルコントローラを用いて、入力3点、出力4点の配線を行い、下記に示すタイムチャートにもとづいて、プログラムを入力しなさい。

　また、変更Ⅰ、変更Ⅱ、変更Ⅲのプログラムも入力しなさい。

　ただし、プログラマブルコントローラからの出力は、リレーを介して行うこと。また、配線は適正な長さとし、圧着端子を使用してネジ止めすることとするが、不必要な配線は行わないこと。

　タイムチャートの始まりは論理0とする。

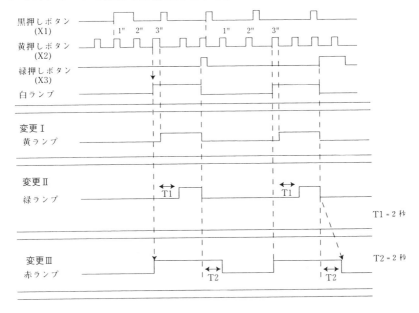

〔解説12〕

結線作業については、前問と同様のため省略し、タイムチャートに基づき
ラダー図を考え、プログラムの打ち込みを行う。

タイムチャートより、入力X1（黒押しボタン）を押し、カウンタをスター
トさせる。X2（黄押しボタン）を押すと出力Y1（白ランプ）がX1の「ON」
後、3カウントの立ち上がりで「ON」となる。

出力Y1（白ランプ）は、X3により「OFF」となる。ラダー図は次のよう
になる。

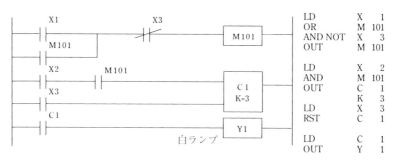

```
LD        X    1
OR        M  101
AND NOT   X    3
OUT       M  101

LD        X    2
AND       M  101
OUT       C    1
          K    3
LD        X    3
RST       C    1

LD        C    1
OUT       Y    1
```

〔変更 I〕

出力2（黄ランプ）は、カウントアップ後、X2（黄押しボタン）の
「OFF」条件により、「ON」となり、X3（緑押しボタン）で、「OFF」とな
る。ラダー図は次のようになる。

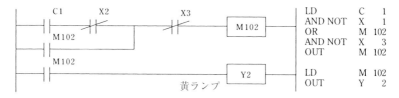

```
LD        C    1
AND NOT   X    1
OR        M  102
AND NOT   X    3
OUT       M  102

LD        M  102
OUT       Y    2
```

92

〔変更Ⅱ〕

　Y1の出力後、T1秒後にY3（緑ランプ）出力が「ON」となり、X3（緑押しボタン）の「OFF」のタイミングで、Y3が「OFF」となる。ラダー図は次のようになる。

```
LD       C    1
OUT      T    1
         K   20
LD       T    1
OUT      Y    3
```

〔変更Ⅲ〕

　出力4（赤ランプ）は、出力Y1と同様に立ち上がり、Y1が「OFF」した後T2秒後に「OFF」する。ラダー図は次のようになる。

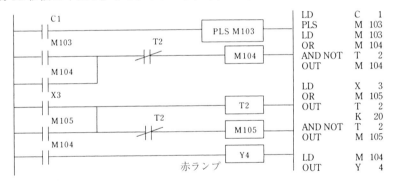

```
LD       C    1
PLS      M  103
LD       M  103
OR       M  104
AND NOT  T    2
OUT      M  104

LD       X    3
OR       M  105
OUT      T    2
         K   20
AND NOT  T    2
OUT      M  105

LD       M  104
OUT      Y    4
```

93

〔問題13〕 プログラマブルコントローラによる回路組み立て作業 （1級）

　試験用盤とプログラマブルコントローラを用いて、入力3点、出力4点の配線を行い、下記に示すタイムチャートにもとづいて、プログラムを入力しなさい。

　また、変更Ⅰ、変更Ⅱ、変更Ⅲのプログラムも入力しなさい。

　ただし、プログラマブルコントローラからの出力は、リレーを介して行うこと。また、配線は適正な長さとし、圧着端子を使用してネジ止めすることとするが、不必要な配線は行わないこと。

　タイムチャートの始まりは論理0とする。

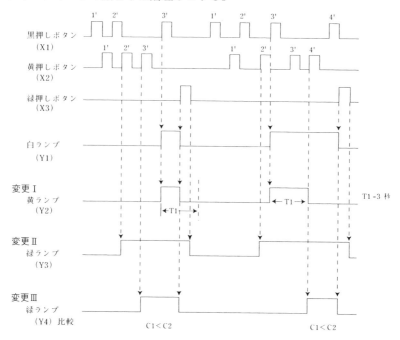

〔解説13〕

　結線作業については、前問と同様のため省略し、タイムチャートに基づき
ラダー図を考え、プログラムの打ち込みを行う。

　タイムチャートより、入力 X1、X2、X3 と出力 Y1（白ランプ）との関係
をみると X1 のカウントが3により、Y1 出力が ON となり、X3 により、リ
セットされる。

　ラダー図は次のようになる。

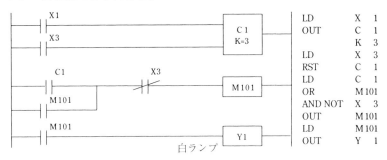

〔変更Ⅰ〕

　出力2（黄ランプ）は、入力（X1）の3カウント目で立上がり、T1 秒後
かまたは、入力（X3）のリセットのいずれか早いほうで OFF となる。

　ラダー図は次のようになる。

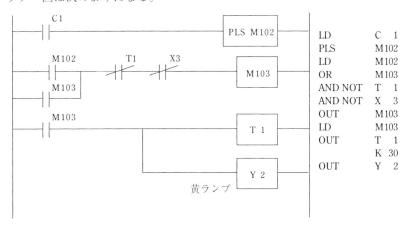

95

〔変更Ⅱ〕

　出力3（緑ランプ）は、入力（X2）のカウント2でONとなり、入力（X3）の立ち下がりにより、OFFとなる。

　ラダー図は次のようになる。

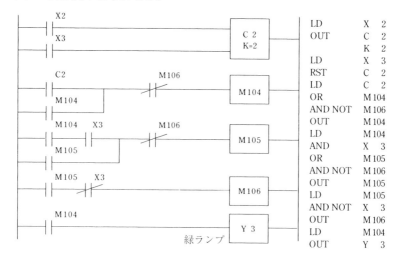

LD	X	2
OUT	C	2
	K	2
LD	X	3
RST	C	2
LD	C	2
OR	M104	
AND NOT	M106	
OUT	M104	
LD	M104	
AND	X	3
OR	M105	
AND NOT	M106	
OUT	M105	
LD	M105	
AND NOT	X	3
OUT	M106	
LD	M104	
OUT	Y	3

〔変更Ⅲ〕

　出力3（赤ランプ）は、入力（X1）のカウント（C1）と、入力（X2）の
カウント（C2）を比較し、C1＜C2 の状態の時、出力 Y4 が ON となり、入
力（X3）によりリセットされる。

　ラダー図は次のようになる。

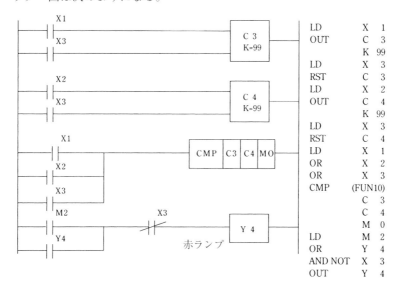

〔問題14〕 プログラマブルコントローラによる回路組み立て作業（1級）

　試験用盤とプログラマブルコントローラを用いて、入力3点、出力4点の配線を行い、下記に示すタイムチャートにもとづいて、プログラムを入力しなさい。

　また、変更Ⅰ、変更Ⅱ、変更Ⅲのプログラムも入力しなさい。

　ただし、プログラマブルコントローラからの出力は、リレーを介して行うこと。また、配線は適正な長さとし、圧着端子を使用してネジ止めすることとするが、不必要な配線は行わないこと。

　タイムチャートの始まりは論理0とする。

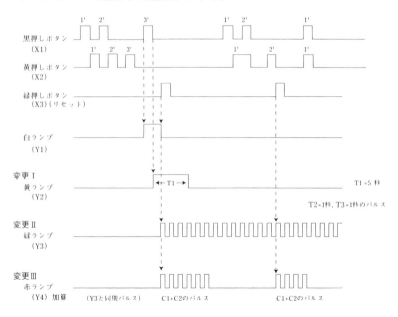

〔解説14〕

　結線作業については、前問と同様のため省略し、タイムチャートに基づき
ラダー図を考え、プログラムの打ち込みを行う。

　タイムチャートより、入力 X1、X2、X3 と出力 Y1（白ランプ）との関係
をみると X1 のカウントが 3 により、Y1 出力が ON となり、X3 により、リ
セットされる。

　ラダー図は次のようになる。

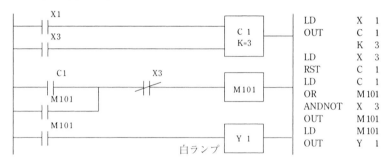

〔変更Ⅰ〕

　出力 2（黄ランプ）は、入力（X1）の 3 カウント目で立下がりで ON と
なり、T1 秒後に OFF となる。

　ラダー図は次のようになる。

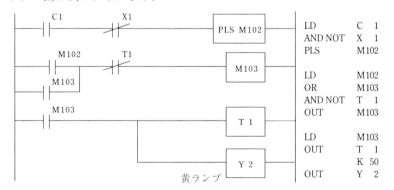

〔変更Ⅱ〕

　出力 3（緑ランプ）は、入力（X3）ON により、ON1 秒、OFF1 秒の連続
パルスとなる。

　ラダー図は次のようになる。

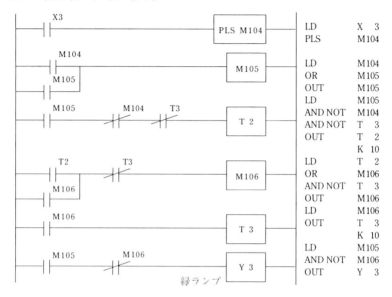

LD	X　3
PLS	M104
LD	M104
OR	M105
OUT	M105
LD	M105
AND NOT	M104
AND NOT	T　3
OUT	T　2
	K　10
LD	T　2
OR	M106
AND NOT	T　3
OUT	M106
LD	M106
OUT	T　3
	K　10
LD	M105
AND NOT	M106
OUT	Y　3

緑ランプ

〔変更Ⅲ〕

　出力4（赤ランプ）は、入力（X1）のカウント（C1）と、入力（X2）の
カウント（C2）を加算し、入力（X3）のONにより、（C1＋C2）のパルス
を発生させる。この時パルスは、緑ランプに同期するものとする。

　ラダー図は次のようになる。

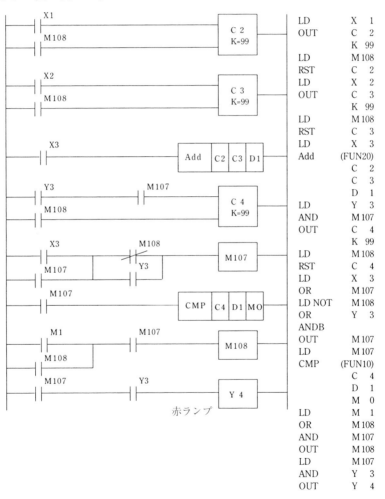

LD	X	1
OUT	C	2
	K	99
LD	M	108
RST	C	2
LD	X	2
OUT	C	3
	K	99
LD	M	108
RST	C	3
LD	X	3
Add	(FUN20)	
	C	2
	C	3
	D	1
LD	Y	3
AND	M	107
OUT	C	4
	K	99
LD	M	108
RST	C	4
LD	X	3
OR	M	107
LD NOT	M	108
OR	Y	3
ANDB		
OUT	M	107
LD	M	107
CMP	(FUN10)	
	C	4
	D	1
	M	0
LD	M	1
OR	M	108
AND	M	107
OUT	M	108
LD	M	107
AND	Y	3
OUT	Y	4

赤ランプ

第5章

有接点シーケンスの修復作業

[1] 有接点シーケンス修復作業の基礎知識

有接点シーケンスの問題に入る前に基本的な回路修復のやり方について解説する。

1．リレーの良否の判定

下記のテスト回路を作成し、リレーをソケットに差込む。

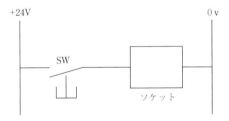

実際のテストのときは、数個のリレーが配布され、その中から良品のものと不良品のものを区別し、不良品については、その不良原因をつかむ。

① 与えられたリレーをソケットに差込み、電源を投入する。この場合、電源部分の電圧が24Vであり、リレーのコイルの定格電圧と一致していることを確認する。

② リレーのA接点の端子およびB接点の端子を確認する。リレーの接点構成は次のようになっている。

103

リレー裏面差込ピン番号

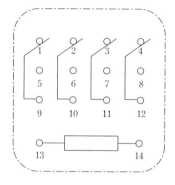

接点構成

A 接点　　5-9、6-10、7-11、8-12

B 接点　　1-9、2-10、3-11、4-12

コイル　　14　（+）、　13（-）

リレーソケットの端子番号

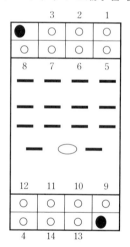

リレーソケット端子の構成

A 接点　　5-9、6-10、7-11、8-12

B 接点　　1-9、2-10、3-11、4-12

コイル　　14　（+）、　13（-）

　スイッチ（SW）がOFFの状態で、A 接点 5-9、6-10、7-11、8-12がそれぞれテスタで不導通であることを確認し、B 接点 1-9、2-10、3-11、4-12は、それぞれ導通状態であることを確認する。

　この状態で 1 つでも異常であれば、リレーは、接点不良であると判断する。

　次に、SW を投入し、リレーのコイルが動作し、鉄片が吸引されることを確認する。

　ここで、リレーが動作しない場合は、リレーのコイル不良と判断する。不良項目は、リレーが不動作で、コイルが焼けていなければ、単なるコイルの断線、焼け焦げている場合は、レアショートと考えられる。レアショートの場合は、断線する直前は<u>コイルの抵抗が 0</u> となっているので注意が必要、電源投入の前にコイルの変色のチェックをしておく必要がある。

　リレーが正常に動作する場合、動作状態でリレーの接点チェックを次のように行う。

　A 接点 5 - 9、6 - 10、7 - 11、8 - 12 がそれぞれテスタで導通状態になることを確認し、B 接点 1 - 9、2 - 10、3 - 11、4 - 12 は、それぞれ不導通に切り替わることを確認する。

　この状態で 1 つでも異常であれば、リレーは、接点不良であると判断する。

　接点不良は、次の 4 種類に区分される。

チェック状況		不良原因
リレーが ON の時	A 接点導通なし	A 接点接触不良
リレーが OFF の時	A 接点導通あり	A 接点溶着
リレーが OFF の時	B 接点導通なし	B 接点接触不良
リレーが ON の時	B 接点導通あり	B 接点溶着

２．回路不良の見つけ方

　図面等により、シーケンス回路が予め判明している場合には、テスタを使用して不良個所を見つけ出していく。

シーケンス回路

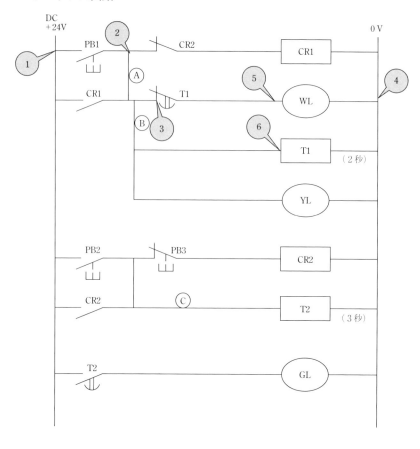

（1）　配線の断線またはない場合の見つけ方

上記シーケンス図において、

PB1（押しボタンスイッチ）を押して、CR1 は「ON」するが、WL（白ランプ）が点灯しない。

チェック1　　テスタを DC 電圧30V レンジとして、−端子を④にあて、＋端子を①にあて、まず電圧が24V あることを確認する。

チェック2　　−端子を④のままとし、＋端子を②にあて、「電圧があり」の場合は、問題なし、次へ、「電圧なし」の場合は、②の配線以前で断線かまたは配線がない。

チェック3　　−端子を④のままとし、＋端子を③にあて、「電圧があり」の場合は、問題なし、次へ、「電圧なし」の場合は、③の配線以前で断線か，またはⒶ部分の配線がない。

チェック4　　−端子を④のままとし、＋端子を⑤にあて、「電圧があり」の場合は、ランプの玉切れか、ソケットの不良。「電圧なし」の場合は、⑤の配線以前で断線か，または T1 のタイムアップにより、T1 接点オープンとなっている。

チェック5　　−端子を④のままとし、＋端子を⑥にあて、「電圧があり」の場合は、タイマ（T1）が励磁され、2 秒以上経っていればチェック4のB接点がオープンしていることになる。「電圧なし」の場合は、⑥の配線以前で断線か，またはⒷ部分の配線がない。

上記のチェックで、配線なしの疑いがある場合は、その間の電線をたどって、配線のないことを確認する。確認のために、仮配線を接続して正常動作することを確認して、「OK」であれば、正規な配線を行う。

（2）　配線の断線の見つけ方

断線の見つけ方は、原則として、上記①と同様である。この場合、導通のない配線が正常の状態で配線されているため、いったん電源を切って、断線と思われる配線の片側のみを端子から外し、その配線の両端にテスタ端子を

あて、テスタの導通チェックを行う。(配線をつないだ状態で導通チェックを行うと回り込みにより、断線であっても他の回路経由で導通となる場合がある。)

　1つの端子からでている配線は2〜3本程度のため、1本づつ配線の断線を見つけていく。

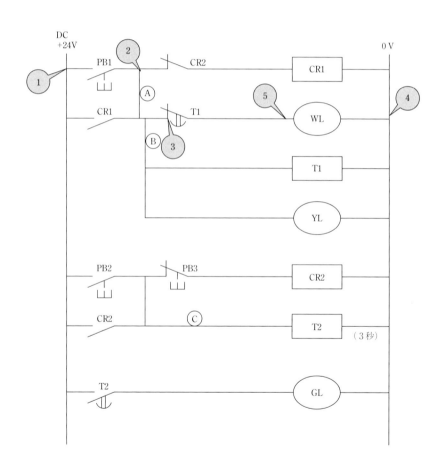

（3）　誤配線の見つけ方

PB1（押しボタンスイッチ）を押して、CR1 が「ON」しない。

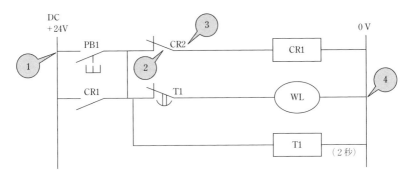

※ CR1 が「ON」しないため、PB1 を押しっぱなしにする。

チェック1　　テスタを DC 電圧30V レンジとして、−端子を④にあて、
　　　　　　　＋端子を①にあて、まず電圧が24V あることを確認。

チェック2　　−端子を④のままとし、＋端子を②にあて、「電圧があり」
　　　　　　　の場合は、問題なし、

チェック3　　−端子を④のままとし、＋端子を③にあて、「電圧があり」
　　　　　　　の場合は、問題なし、次へ、「電圧なし」の場合は、CR2
　　　　　　　「OFF」を確認し、接点の端子接続状況を確認する。下記の
　　　　　　　ような誤配線の可能性がある。

リレーソケットの端子番号

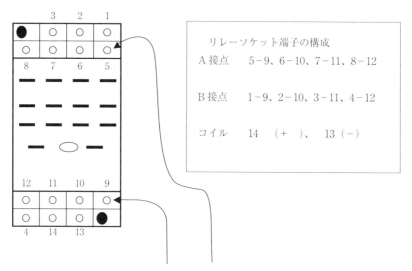

リレーソケット端子の構成

A接点　　5-9、6-10、7-11、8-12

B接点　　1-9、2-10、3-11、4-12

コイル　　14　（＋）、　13（−）

　B接点は、本来1-9でなければならないのであるが、配線接続の際、ついA接点接続になれているため、5-9端子で接続してしまう場合がある。あるいは隣の端子に誤配線ということもある。

（4）　リレーまたはタイマの不良の見つけ方

　上記（3）のチェック3で、③の電圧ありの場合、さらに⑤（下記の図）
の部分の電圧を測定し、「電圧あり」でCR1が「OFF」であるならば、CR1
の不良と判断される。リレー単独のチェックは、前述1．リレーの良否の判
定を参照する。

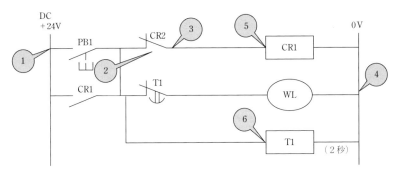

　タイマについても、⑥部分で電圧が確認されて、動作しない場合は、タイ
マ単独の不良と判断され、リレーの良否の判定と同様に取り扱う。

3. タイムチャートから回路を作る

（1） PB1（スイッチ）を押したときに下記のタイムチャートの WL（ランプ）が点灯する。

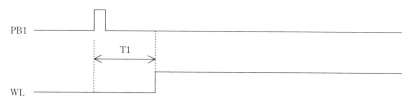

① 出力 WL を「ON」とするためには、PB1 が「ON」した後、自己保持の回路をつくらなければならない。

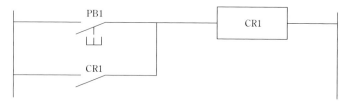

② 次に一定時間後、ランプ（WL）が「ON」となる回路をつくる。

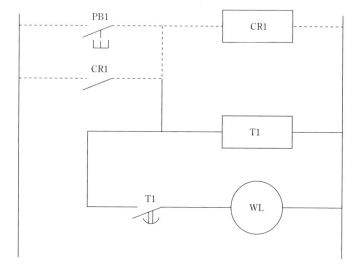

（2）　(1) のタイムチャートに次のタイムチャートを追加したシーケンス回
　　　路を考えよ。

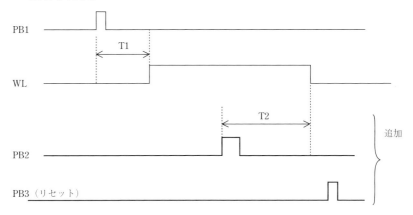

　PB2 を押した後、一定時間（T2）後、ランプ（WL）が消えるようにす
る。

　ランプ（WL）ガ消えた後、PB3 により、リセット動作を行う。

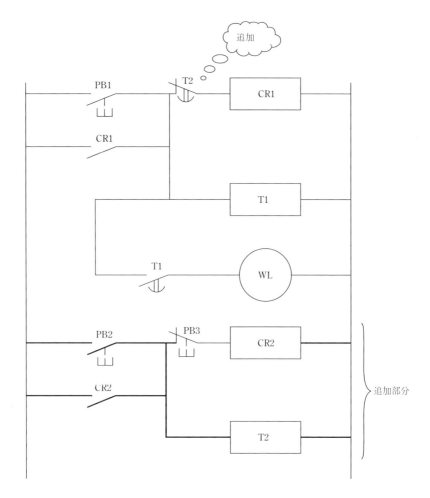

　課題でタイムチャートしか与えられない場合、動作条件により、回路を推
定していかなければならないので、基本的なシーケンス回路をしっかり身に
つけておく必要がある。

　また、ラダー図と異なり、リレーシーケンス回路の場合、経済コストを下
げるため、使用配線を少なくした合理的配線となっている場合が多い。

　従って、自分の想定した回路と、実際の組まれている配線が多少異なって
くる場合があるため、実際の修復回路においては、実配線を確認しながらシ

ーケンス回路を作りあげ、不具合個所においては、仮配線（ジャンパ配線）
を行って修復していくことになる。

［2］有接点シーケンス修復作業の問題

〔問題1〕 次のタイムチャートを読み、シーケンス回路図を作成しなさい。
T1、T2 は、各自任意の値をいれること。

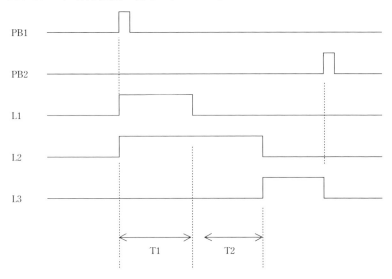

〔解答 1〕

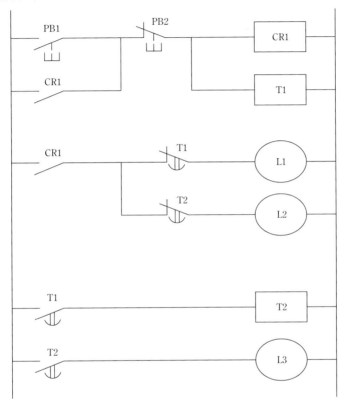

〔問題2〕　次のタイムチャートを読み、シーケンス回路図を作成しなさい。
T1、T2 は、各自任意の値をいれること。

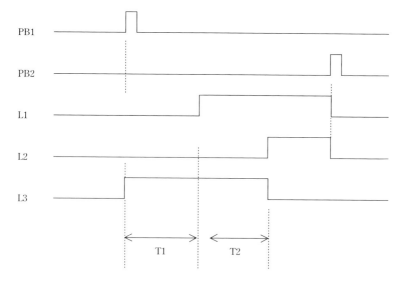

〔解答2〕

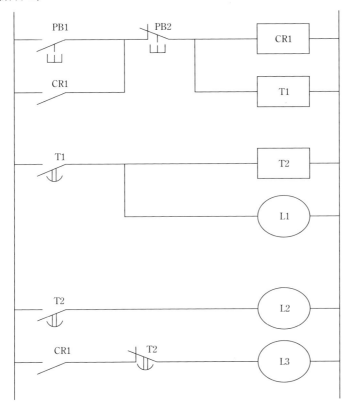

119

〔問題3〕　配線が断線している場合のチェック方法を述べなさい。

〔解答3〕

　　断線の見つけ方

① 回路中の電圧チェック

　　テスタをDC電圧30Vレンジとして、テスタの－端子を電源の－端子に
　あてる。テスタの＋端子は、断線と推定される線の＋側方向の端子にある。
　この場合のテスタの指示が、24V（電源24Vの場合）であることを確認す
　る。

　　電圧が出ない場合は、それ以前の回路に不良あり。

② 　－端子をそのままとし、＋端子を断線と思われる線の－側端子にあてる。
　「電圧が24Vあり」の場合は、その配線に問題なし、電圧がない場合は断
　線と判断できる。

③ 断線と判断した場合、その線を回路より外し、導通が正常である線と入
　れ替える。

④ 外した線は、断線の確認のため、テスタで導通チェックを行う。

〔問題4〕　リレー、タイマーの点検、有接点シーケンス回路の点検及び修復
　　　　　　作業（2級）

　与えられたリレー及びタイマを回路計（テスタ）及びチェック用ソケット
を使用して点検し、その結果を解答しなさい。

　また、点検の結果、良品を使用して、下記に示す有接点シーケンス回路を
点検し不良箇所を修復しなさい。

　なお、不良配線を交換する場合、配線は適正な長さとし、圧着端子を使用
してネジ止めすること。

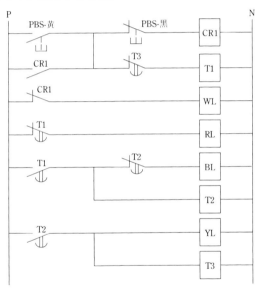

CR：リレー
T1～T3：タイマ
WL：白ランプ
GL：緑ランプ
YL：黄ランプ
RL：赤ランプ

チェック用ソケットは、次のよ
うに配線されている。

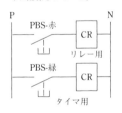

〔解説4〕

　実際の試験場においては、机上にリレーシーケンスに使用するリレー、タイマーが数点置かれている。その中には、不良品が混入しているため、与えられた制御盤のチェック用端子を用いて、その良否を判定していく。

　判別方法としては、コイルの断線、焼損、接点の溶着、接触不良などがある。

　良品のリレー及びタイマを制御盤にセットし、シーケンス回路の修復作業に入る。（制御盤の不良箇所の設定は、他の人にあらかじめ行ってもらって下さい。）

　なお、不良内容は、配線なし、断線、配線の入れ違いの3箇所とする。

（1）　CR1 と T1 の確認

　PBS 黄スイッチを押した時、CR が「ON」するか否か確認する。CR は、「ON」の時、WL ランプが「OFF」となることにより確認できる。

　「ON」しない場合には、テスタを用いて、電圧レンジ（DC24V）にて、－側を N 端子に固定し、＋側を PBS 黄の2次端子、PBS 黒の1次、2次端子、CR1 のコイル＋側端子と順次移動し、電圧 DC24V が「ある」「ない」を確認していく。ここで、電圧が「ある」から「ない」に切り替わったところの配線または器具について異常があることがわかる。

　不良の修復については、次による。

不良の内容	処　　　置
配線がない	配線の追加
誤配線	配線を正規に戻す
端子台の緩み、接続外れ	接続をやり直す
断線	配線を交換する
接点違い（A 接－B 接）	接点を入れ換える
器具不良	器具交換

　次にCR1が自己保持して、一定時間後、T1が動作をして、RLランプが消えることを確認する。T1の接点の確認については、RLランプとBLランプで行える。T1とRLランプ、BLランプの関係は、次のようになる。

　T1についても、不良が認められる場合は、上記と同様にテスタを使用して、−側をN端子に固定し、＋側を不良と推定されるところへ当て、電圧の「ある」「なし」で、不良箇所を見つけだし、修復する。

（2）　T2、YLランプ、T3の確認

　T1が「ON」（BLランプが「ON」）後、T2時間後、YLランプが点灯しBLランプが「OFF」、さらにT3時間後、T3接点「ON」により、T1が「OFF」し、RLランプが「ON」となる。タイムチャートは、次のようになる。出力動作がタイムチャートと異なる場合には、（1）と同様の方法で不良箇所を発見し、修復作業を行う。

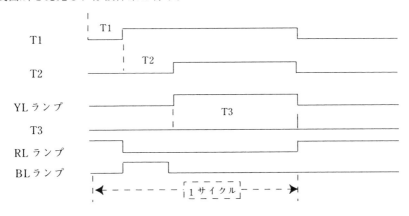

〔問題5〕 リレー、タイマーの点検、有接点シーケンス回路の点検及び修復
　　　　作業（2級）

　与えられたリレー及びタイマを回路計（テスタ）及びチェック用ソケット
を使用して点検し、その結果を解答しなさい。

　また、点検の結果、良品を使用して、下記に示す有接点シーケンス回路を
点検し不良箇所を修復しなさい。

　なお、不良配線を交換する場合、配線は適正な長さとし、圧着端子を使用
してネジ止めすること。

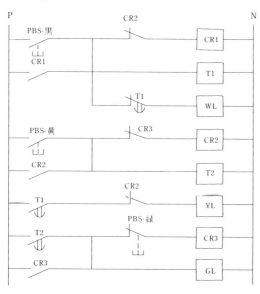

CR　：リレー
T1～T3：タイマ
WL　：白ランプ
GL　：緑ランプ
YL　：黄ランプ
RL　：赤ランプ

チェック用ソケットは、次のよ
うに配線されている。

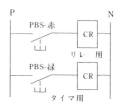

〔解説5〕

良品のリレー及びタイマを制御盤にセットし、シーケンス回路の修復作業を行う。(制御盤の不良箇所の設定は、他の人にあらかじめ行ってもらって下さい。なお、不良内容は、下記表のうちの3箇所とする)

(1)　CR1、T1 及び WL ランプの確認

PBS 黒スイッチを押した時、CR1 が「ON」するか否か確認する。

CR1 は、自己保持をし、同時に WL ランプも「ON」となる。T1 秒後、WL ランプが「OFF」となる。「ON」しない場合には、テスタを用いて、電圧レンジ (DC24V) にて、－側を N 端子に固定し、＋側を PBS 黒の2次端子、CR2 の接点の1次、2次端子、CR1 のコイル＋側端子と順次移動し、電圧 DC24V が「ある」「ない」を確認していく。ここで、電圧が「ある」から「ない」に切り替わったところの配線または器具について異常があることがわかる。不良の修復については、次による。

不良の内容	処　　置
配線がない	配線の追加
誤配線	配線を正規に戻す
端子台の緩み、接続外れ	接続をやり直す
断線	配線を交換する
接点違い（A 接－B 接）	接点を入れ換える
器具不良	器具交換

（2） CR2、T2、YL ランプの確認

　PBS 黄押しボタンを「ON」すると、CR2 が「ON」となり、自己保持を
する回路となる。YL ランプは、上記 T1 がアップした時、点灯し、CR2 の
「ON」により、「OFF」となる。

　タイムチャートは、下図のようになるが出力動作がタイムチャートと異な
る場合には、（1）と同様の方法で不良箇所を発見し、修復作業を行う。

（3） CR3、GL ランプの確認

　上記 T2 のタイムアップにより、CR3 が「ON」となり、自己保持をする。
同時に GL ランプが、点灯する。CR3 の「ON」により、CR2、T2 が「OFF」
となる。タイムチャートは、下図のようになるが出力動作がタイムチャート
と異なる場合には、（1）と同様の方法で不良箇所を発見し、修復作業を行
う。

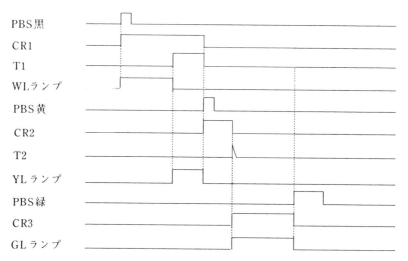

〔問題6〕 リレー、タイマの点検、有接点シーケンス回路の点検及び修復作業（1級）

与えられたリレー及びタイマを回路計（テスタ）及びチェック用ソケットを使用して点検し、その結果を解答用紙に記入しなさい。

また、下記に示したタイムチャートをもとに有接点シーケンス回路を点検し、不良箇所を修復しなさい。

ただし、リレー及びタイマは、点検の結果、良品を使用すること。

また、ランプ及び押しボタンスイッチと各端子台とを接続する配線には異常はないものとする。

なお、配線は適切な長さとし、圧着端子を使用してねじ止めすること。また、チェック用ソケットは、次のように配線されている。

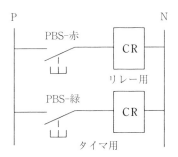

CR：リレー
PBS：押しボタンスイッチ

［有接点シーケンス使用］（タイムチャート）仕様1

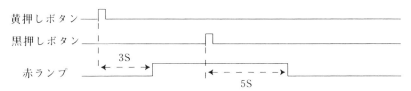

〔解説6〕 リレーシーケンスの修復作業（1級）

（1） 不良リレー、タイマの選別

　机上に置かれたリレー、タイマについて、与えられた制御盤のチェック端子台を使用し、まず動作チェックを行う。スイッチのON-OFFを行い、動作時に各接点の「入・切」をテスタにより確認する。

　不良と判断されるものについては、目視、さらにはテスタを用いて不良状況を判別する。不良原因についてはコイルの断線、焼損、接点の溶着、接点不良などが推定される。

　良品のリレー及びタイマを制御盤にセットし、シーケンス回路の修復作業を行う。（制御盤の不良箇所の設定は、他の人にあらかじめ行ってもらって下さい。なお、不良内容は、下記表のうちの3箇所とする）

（2） 回路の推定

　①　タイムチャートより、黄押しボタンスイッチボタンを押してからT1
　　（3秒）後に、赤ランプが「ON」となる。

　　　この部分から推定される回路は、次のようになる。

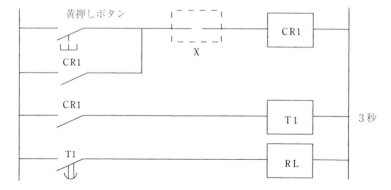

② 黒押しボタンを押してから T2（5秒）後に、赤ランプが「OFF」と
なる。この部分から推定される回路は次のようになる。

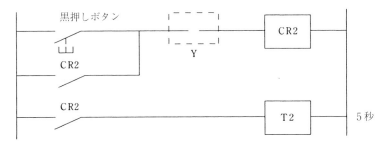

T2のB接点を①の図のX部分をいれると、題意の赤ランプが5秒後
に「OFF」となる。

なお、CR2は赤ランプが「OFF」となったとき、同時に「OFF」と
なるようにする。ここではCR2の前のYにCR1のA接点、またはT2の
B接点を使う。

③ 全体回路

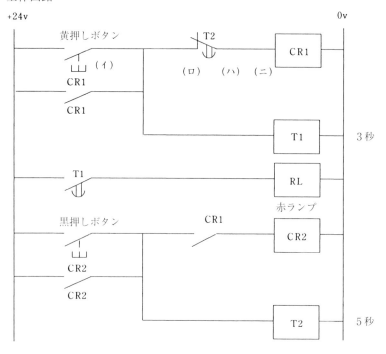

+24v

黄押しボタン

CR1

CR1

T2

（イ）

（ロ）　　（ハ）　　（ニ）

CR1

T1

3秒

T1

RL

赤ランプ

黒押しボタン

CR1

CR2

CR2

CR2

T2

5秒

0v

130

（3）　回路修復作業

①　スタート回路

　　黄押しボタンを押して、CR1、及び T1 が「ON」することを確認する。また、3 秒後に赤ランプが点灯することを確認する。

　　CR1 が「ON」しない場合、テスタを使用して、テスタの − 側を 0 v に固定して、+ 側を黄押しボタンの出端（イ）に当て、電圧が +24v を表示するか、正常であれば、T2 の端子（ロ）（ハ）及び CR1 の（ニ）を順次確認する。電圧が「0」となった場合、その手前部分が不良箇所となる。同様にして、T1、RL の回路も調べる。

　　不良原因及び処置は次のとおりである。

不良の内容	処　　置
配線がない	配線の追加
誤配線	配線を正規に戻す
端子台の緩み、接続外れ	接続をやり直す
断線	配線を交換する
接点違い（A 接 − B 接）	接点を入れ換える
器具不良	器具交換

②　停止回路

　　黒押しボタンを押して、CR2 及び T2 が「ON」することを確認する。CR2 または T2 が「ON」しない場合には、テスタを用いて、上記①と同様な方法で不良箇所を捜していく。

　　不良原因についても、上記①と同様である。

〔問題7〕　リレー、タイマの点検、有接点シーケンス回路の点検及び修復作
　　　　　業（1級）

　与えられたリレー及びタイマを回路計（テスタ）及びチェック用ソケット
を使用して点検し、その結果を解答用紙に記入しなさい。

　また、下記に示したタイムチャートをもとに有接点シーケンス回路を点検
し、不良箇所を修復しなさい。

　ただし、リレー及びタイマは、点検の結果、良品を使用すること。

　また、ランプ及び押しボタンスイッチと各端子台とを接続する配線には異
常はないものとする。

　なお、配線は適切な長さとし、圧着端子を使用してねじ止めすること。ま
た、チェック用ソケットは、次のように配線されている。

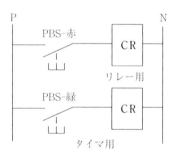

CR：リレー
PBS：押しボタンスイッチ

［有接点シーケンス使用］（タイムチャート）仕様2

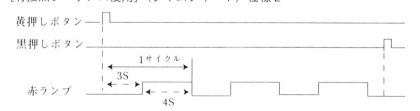

〔解説7〕

(1)　不良リレー、タイマの選別

　机上に置かれたリレー、タイマについて、与えられた制御盤のチェック端子台を使用し、まず動作チェックを行う。スイッチのON-OFFを行い、動作時に各接点の「入・切」をテスタにより確認する。

　不良と判断されるものについては、目視、さらにはテスタを用いて不良状況を判別する。不良原因については、コイルの断線、焼損、接点の溶着、接点不良などが推定される。

　良品のリレー及びタイマを制御盤にセットし、シーケンス回路の修復作業を行う。（制御盤の不良箇所の設定は、他の人にあらかじめ行ってもらって下さい。）なお、不良内容は、P133の表のうちの3箇所とする。

(2)　回路の推定

　① 　タイムチャートより、黄押しボタンを押してからT1（3秒）後に、赤ランプが「ON」となる。また、全体停止は黒押しボタンによる。

　　　この部分から推定される回路は、次のようになる。

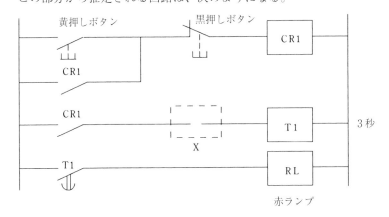

　② 　次に、赤ランプは点灯してから、T2（4秒）後に、「OFF」となる。この部分から推定される回路は、次のようになる。

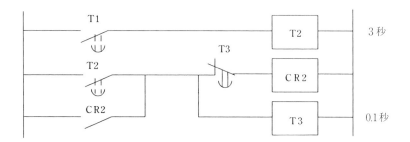

　T2のB接点を①の図のX部分にいれて、題意のとおりに赤ランプが
動作する場合、CR2以降の回路はいらなくなる。

　ただし、タイマによって復帰時間が異なり、動作が不安定な場合は、
①のX部分にCR2のB接点を入れて確実にT1を「OFF」させたほう
が良い。

③　全体回路

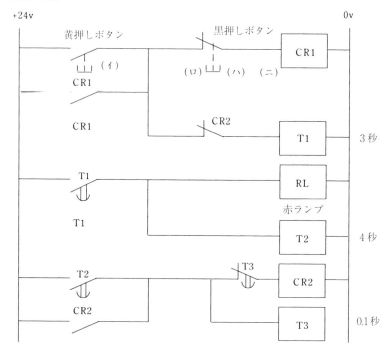

（3）　回路修復作業

　黄押しボタンを押して、CR1 及び T1 が「ON」することを確認する。また、3 秒後に赤ランプが点灯し、4 秒後に「OFF」すること。この動作が 1 サイクルとなり、黒押しボタンを押すまでつづく。

　CR1 が「ON」しない場合、テスタを使用して、テスタの－側を 0 v に固定して、＋側を黄押しボタンの出端（イ）に当て、電圧が＋24v を表示するか。正常であれば、黒押しボタンの端子（ロ）（ハ）及び CR1 の（ニ）を順次確認する。電圧が「0」となった場合、その手前部分が不良箇所となる。同様にして、T1、RL、T2、CR2 及び T3 の回路も調べる。

　不良原因及び処置は次のとおりである。

不良の内容	処　　置
配線がない	配線の追加
誤配線	配線を正規に戻す
端子台の緩み、接続外れ	接続をやり直す
断線	配線を交換する
接点違い（A 接－B 接）	接点を入れ換える
器具不良	器具交換

〔問題8〕 リレー、タイマの点検、有接点シーケンス回路の点検及び修復作
　　　　 業（1級）

　与えられたリレー及びタイマを回路計（テスタ）及びチェック用ソケット
を使用して点検し、その結果を解答用紙に記入しなさい。

　また、下記に示したタイムチャートをもとに有接点シーケンス回路を点検
し、不良箇所を修復しなさい。

　ただし、リレー及びタイマは、点検の結果、良品を使用すること。また、
ランプ及び押しボタンスイッチと各端子台とを接続する配線には異常はない
ものとする。

　なお、配線は適切な長さとし、圧着端子を使用してねじ止めすること。ま
た、チェック用ソケットは、次のように配線されている。

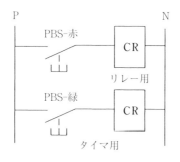

CR：リレー
PBS：押しボタンスイッチ

[有接点シーケンス使用]（タイムチャート）仕様3

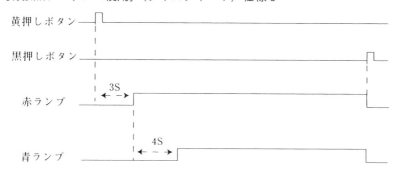

136

〔解説8〕　リレーシーケンスの修復作業（1級）

（1）　不良リレー、タイマの選別

　机上に置かれたリレー、タイマについて、与えられた制御盤のチェック端子台を使用し、まず動作チェックを行う。スイッチのON-OFFを行い、動作時に各接点の「入・切」をテスタにより確認する。

　不良と判断されるものについては、目視、さらにはテスタを用いて不良状況を判別する。不良原因については、コイルの断線、焼損、接点の溶着、接点不良などが推定される。

　良品のリレー及びタイマを制御盤にセットし、シーケンス回路の修復作業を行う。（制御盤の不良箇所の設定は、他の人にあらかじめ行ってもらって下さい。なお、不良内容は、P137の表のうちの3箇所とする）

（2）　回路の推定

　①　タイムチャートより、黄押しボタンを押してからT1（3秒）後に、赤ランプが「ON」となり、赤ランプは、黒押しボタンにより停止する。この部分から推定される回路は、次のようになる。

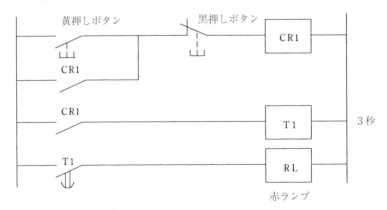

赤ランプ

② 次に、赤ランプが点灯してから、T2（4秒）後に、青ランプが点灯
する。青ランプは、赤ランプと同時に停止する。

この部分から推定される回路は、次のようになる。

③ 全体回路

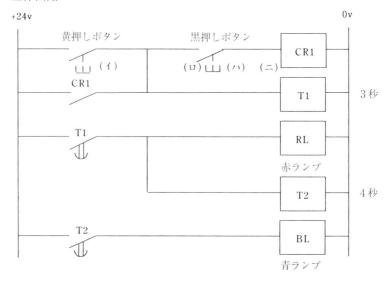

138

（3）　回路修復作業

　黄押しボタンを押して、CR1 及び T1 が「ON」することを確認する。また、3 秒後に赤ランプが点灯し、さらに 4 秒後に青ランプが点灯する。黒押しボタンを押すことにより、赤ランプ及び青ランプが「OFF」となる。

　CR1 が「ON」しない場合、テスタを使用して、テスタの − 側を 0 v に固定して、＋ 側を黄押しボタンの出端（イ）に当て、電圧が＋24v を表示するか。正常であれば、黒押しボタンの端子（ロ）（ハ）及び CR1 の（ニ）を順次確認する。電圧が「0」となった場合、その手前部分が不良箇所となる。同様にして、T1、RL、T2 及び BL の回路も調べる。

　不良原因及び処置は次のとおりである。

不良の内容	処　　　置
配線がない	配線の追加
誤配線	配線を正規に戻す
端子台の緩み、接続外れ	接続をやり直す
断線	配線を交換する
接点違い（A 接 − B 接）	接点を入れ換える
器具不良	器具交換

第6章

1級演習問題

次に示す試験時間及び注意事項に従って、各問題を行いなさい。

1．試験時間

	試験時間	
	標準時間	打切時間
課題1	50分	60分
課題2	30分	50分

2．注意事項

① 作業の実施順序については、技能検定委員の指示に従うこと。

② 問題用紙にメモ等を行ってもよいが、必ず、提出すること。

③ 使用工具等は、「使用工具等一覧表」で指定したもの以外は使用しないこと。

④ 解答用紙には、受験番号、氏名及び「仕様番号」を必ず記入すること。ただし、※印欄には記入しないこと。
仕様番号とは、出題される問題の番号であり、試験官の指示で決定される。

⑤ 試験開始前の部品等点検時間内に試験用盤に配置してある部品等を目視点検し、損傷等のある場合には技能検定員に申し出て、指示を受けること。なお、試験開始後は、原則として試験用盤及び部品等の交換は行わないが、部品等を破損又は紛失した場合は、技能検定員に申し出ること。

⑥ 与えられた試験用盤及び部品等は取扱いに注意し、損傷を与えないこと。

⑦　作業時の服装等は、作業に支障のないものであること。

⑧　与えられた部品等は、使用後は必ず元の場所にもどし、整理しておくこと。

⑨　不正な行為や他人の迷惑になる言動は行わないこと。

⑩　各課題の作業が終了した時には、技能検定員に終了の合図をすること。

⑪　課題2では、リレー及びタイマは分解して点検をしないこと。

⑫　課題1実施前に、検定員の指示に従い、プログラムコントローラのメモリ内のプログラムを全て消去すること。

［1］ 例題 A

〔課題1〕

（1） 試験用盤とプログラマブルコントローラーを用いて、入力3点、出力
4点の配線を行いなさい。

プログラマブルコントローラからの出力は、リレーを介して行い、配
線は適正な長さとし、圧着端子を使用してネジ止めすること。

不必要な配線は行わないこと。

（2） 下記のタイムチャートに基づいて、シーケンス図を作成しなさい。

（3） シーケンス図に基づいて、プログラムコントローラにプログラムを入
力しなさい。

タイムチャートの始まりは、論理0とする。

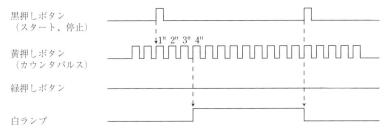

〔解説1〕

（1） 配線を行う場合、必ず電源ブレーカーを OFF としておくこと。

制御盤とプログラマブルコントローラ（シーケンサ）の間の結線にお
いて、まず、シーケンサの入力端子に制御盤のスイッチからの配線を接
続する。題意より、入力3点を使用する。シーケンサの入力コモン
（COM）を各スイッチの片側に接続する。各スイッチの他端は、それぞ
れ、SW1 とシーケンサの X1、SW2 とシーケンサの X2、SW3 とシーケ

ンサの X3 を接続する。

　次に、電源、リレー、表示灯と順次配線接続を行う。

　電源は、24V を使用、＋側をシーケンサの出力コモン端子に接続する。シーケンサの出力4点を Y1，Y2，Y3，Y4 と決定する。決定された出力の端子 Y1 より、リレー R1 のコイルの一端（＋）へ配線を接続する。順次 Y2 とリレー R2 の（＋）側、Y3 とリレー R3 の（＋）側、Y4 とリレー R4 の（＋）側を接続する。

　リレーのコイルの（－）側については、電源24V の（－）へ、それぞれ渡り配線を行う。リレーの出力接点の配線については、リレー R1 を表示灯 L1 へリレー R2 を表示灯 L2、リレー R3 を表示灯 L3、リレー R4 を表示灯 L4 へ接続する。各リレーの使用接点及び接点端子の（＋）（－）を予め決定しておく。電源24V の（＋）側を各リレーの接点の（＋）にそれぞれ渡り接続を行う。各リレーの接点の（－）側と各表示灯の端子（リレー接続端子と電源（－）接続端子を予め決定しておく）のリレー接続側とを配線接続する。各表示灯の（－）端子は、渡り接続により、電源24V の（－）側に接続する。

　実配線図については、実技出題問題集を参照する。

　プログラマブルコントローラの種類によっては、配線が一部異なる場合があるので、各メーカーの取扱説明で確認すること。

（2）　下記のタイムチャートに基づいて、シーケンス図を作成する。

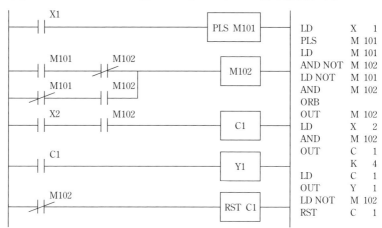

LD	X	1
PLS	M	101
LD	M	101
AND NOT	M	102
LD NOT	M	101
AND	M	102
ORB		
OUT	M	102
LD	X	2
AND	M	102
OUT	C	1
	K	4
LD	C	1
OUT	Y	1
LD NOT	M	102
RST	C	1

（3）　上記ラダーリストにより、入力する。

引き続き会場で配布されるタイムチャートに基づき、プログラムの変更または追加をしなさい。

〔変更Ⅰ〕

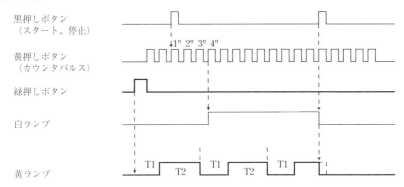

〔変更Ⅱ〕

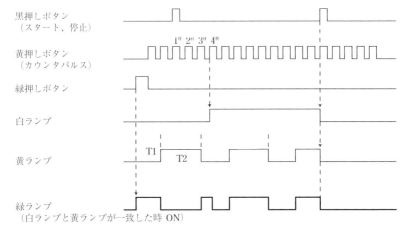

〔変更Ⅲ〕

黒押しボタン
（スタート、停止）

黄押しボタン
（カウンタパルス）

緑押しボタン

白ランプ

黄ランプ

緑ランプ
（白ランプと黄ランプが一致した時 ON）

赤ランプ
（サイクル停止）

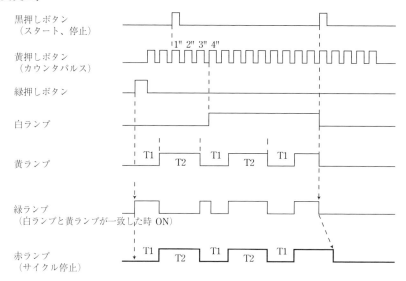

〔解説〕

〔変更Ⅰ〕

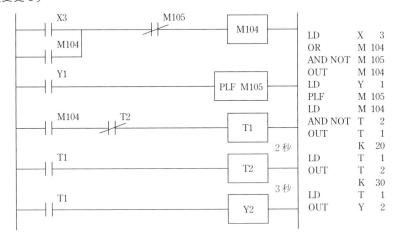

```
LD        X    3
OR        M  104
AND NOT   M  105
OUT       M  104
LD        Y    1
PLF       M  105
LD        M  104
AND NOT   T    2
OUT       T    1
          K   20
LD        T    1
OUT       T    2
          K   30
LD        T    1
OUT       Y    2
```

〔変更Ⅱ〕

（一致回路）

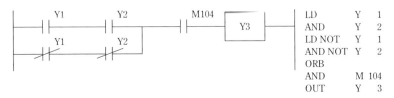

```
LD        Y    1
AND       Y    2
LD NOT    Y    1
AND NOT   Y    2
ORB
AND       M  104
OUT       Y    3
```

148

〔変更Ⅲ〕

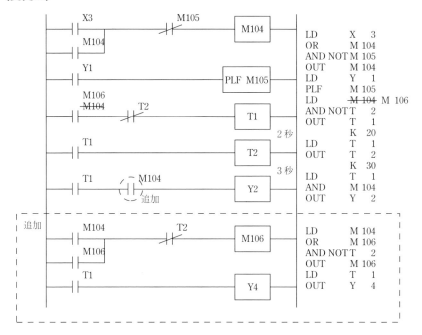

LD　　　　X　　3
OR　　　　M 104
AND NOT M 105
OUT　　　M 104
LD　　　　Y　　1
PLF　　　M 105
LD　　　~~M 104~~ M 106
AND NOT T　2
OUT　　　T　　1
　　　　　K　　20
LD　　　　T　　1
OUT　　　T　　2
　　　　　K　　30
LD　　　　T　　1
AND　　　M 104
OUT　　　Y　　2

LD　　　　M 104
OR　　　　M 106
AND NOT T　2
OUT　　　M 106
LD　　　　T　　1
OUT　　　Y　　4

〔課題2〕

（1） 次の提示品について、回路計及びチェック用ソケットを使用し、その
結果を解答用紙に記入しなさい。

　　　　　　ミニチャリレー　　４コ

　　　　　　タイマ　　　　　　４コ

　　　※予め、解答欄に記載された不良品を混合しておく。

（2） 机上に提示された有接点シーケンス回路を点検し、下記タイムチャー
トの動作となるよう不良個所を修復しなさい。

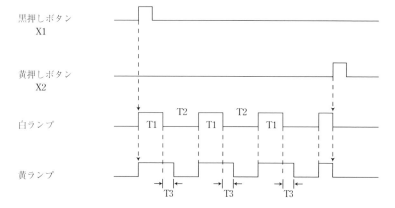

【シーケンス回路の不良の設定の仕方】

　問題に提示されたタイミングチャートの回路図は、次のとおり、不良の設定については、下記のように行う

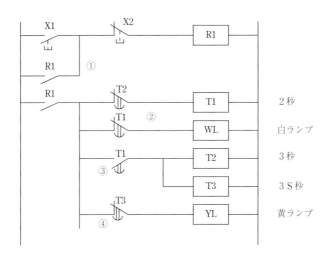

　　　　不良設定の方法

不良内容	設定の仕方
未配線	①〜④の２本を取り外す
配線断線	配線中の２本を断線のものと交換する
リレー不良設定	リレー２個を不良品と交換する
タイマ不良設定	タイマ１個を不良品と交換する

回　路　点　検　表			
部品番号	良・否判定	不良原因解答欄	※減点数
リレーA	良・否		
リレーB	良・否		
リレーC	良・否		
リレーD	良・否		
タイマA	良・否		
タイマB	良・否		
タイマC	良・否		
タイマD	良・否		
※　減　点　合　計			

不良原因語群

記号	語句
ア	コイルの断線
イ	コイルのレアショート
ウ	a接点接触不良
エ	b接点接触不良
オ	a接点溶着
カ	b接点溶着

注1）　良否判定の項目については、良又は否のいずれかを○で囲むこと。

　2）　不良原因の項目については、不良原因語群より適切なものを選び、
　　　その記号を記入すること。

　3）　※印欄には記入しないこと。

〔解説〕
（1） 次の提示品について、回路計及びチェック用ソケットを使用し、その
結果を解答用紙に記入する

ミニチャリレー　4コ

タイマ　　　　　4コ

不良の種類	チ ェ ッ ク 方 法
コイルの断線	テスタ（回路計）を使用して、導通、非導通を測定する。通常 DC24V リレーのコイル抵抗は、1kΩ前後となっている。非導通を確認した後、試験用ソケットにリレー又はタイマをセットし、電源スイッチを ON とした場合、動作をしないこと。
コイルのレアショート	コイルの焼損であり、通常は絶縁部分が破壊され、ショート状態となる。従って、テスタの抵抗レンジにより導通を測定した場合、抵抗が0に近くなる。試験用ソケットに差込、電源を入れるとブレーカが動作するか、焦げた異臭を発生するため、テスタのみの測定で判断する。
A接点接触不良	試験用ソケットにリレー又はタイマを差込、電源のON、OFF を行った場合、電源 ON の時、A接点の導通不良、電源 OFF の時、A接点の導通ありとなる。 接触不良とは、本来、導通、非導通が不安定な状況をいい、正常と思われる状態も時として起る。試験においては、必ず不良の状態となっていると考えて良い。
B接点接触不良	試験用ソケットにリレー又はタイマを差込、電源のON、OFF を行った場合、電源 OFF の時、B接点の導通不良、電源 ON の時、B接点の導通ありとなった場合、接触不良。
A接点溶着	試験用ソケットにリレー又はタイマを差込、電源のON、OFF を行った場合、接点が常時導通状態となってしまう。 A接点が過大電流等のため、溶融して接着してしまう現象である。
B接点溶着	試験用ソケットにリレー又はタイマを差込、電源のON、OFF を行った場合、接点が常時導通状態となってしまう。 B接点が過大電流等のため、溶融して接着してしまう現象である。

（2） 机上に提示された有接点シーケンス回路を点検し、下記タイムチャートの動作となるよう不良個所を修復する。

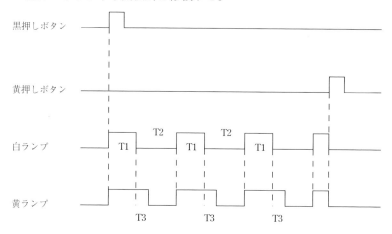

上記、タイムチャートに基づき、次のようなシーケンス図を考える。

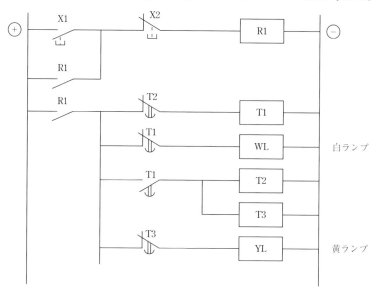

回路のチェック方法

　テスタ（回路計）を使用し、動作状況を確認する。

　テスタを電圧レンジとして、⊕⊖の間の電圧をチェック（DC24V）⊖を固定して、⊕側のテスタ端子を移動し、各スイッチ、接点端子で、スイッチの入り切りをながら、電圧のある、なしを確認し、不良個所を探す。

［2］ 例題 B

〔課題1〕

（1） 試験用盤とプログラマブルコントローラーを用いて、入力3点、出力
3点の配線を行いなさい。

プログラマブルコントローラからの出力は、リレーを介して行い、配
線は適正な長さとし、圧着端子を使用してネジ止めすること。

不必要な配線は行わないこと。

（2） 下記のタイムチャートに基づいて、シーケンス図を作成しなさい。

（3） 上記シーケンス図に基づいて、プログラムコントローラにプログムを
入力しなさい。

タイムチャートの始まりは、論理0とする。

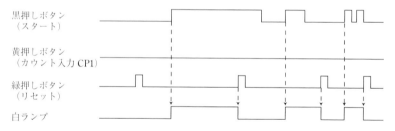

〔解説〕

　タイムチャートより、入力 X1（黒押しボタン）を押し続け、その間に X3
（緑押しボタン）を押すと出力 Y1（白ランプ）が、「OFF」となる。この動
作を作るために微分回路を利用する。ラダー図は次のようになる。

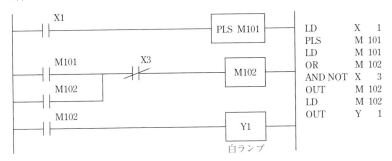

引き続き会場で配布されるタイムチャートに基づき、プログラムの変更ま
たは追加をしなさい。

〔変更 I〕

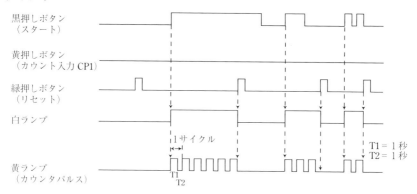

〔変更 II〕

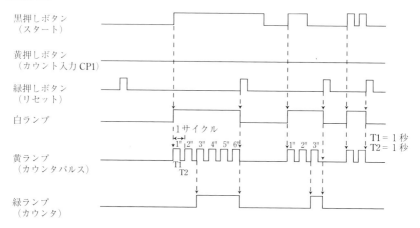

〔変更 III〕

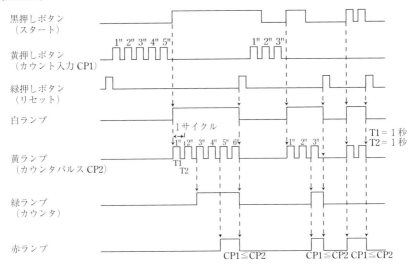

黒押しボタン
（スタート）

黄押しボタン
（カウント入力 CP1)

緑押しボタン
（リセット）

白ランプ

黄ランプ
（カウンタパルス CP2)

緑ランプ
（カウンタ）

赤ランプ

1" 2" 3" 4" 5"

1" 2" 3"

1サイクル

1" 2" 3" 4" 5" 6"
T1
T2

1" 2" 3"

T1 = 1 秒
T2 = 1 秒

CP1≦CP2　　CP1≦CP2 CP1≦CP2

〔解説〕

〔変更Ⅰ〕

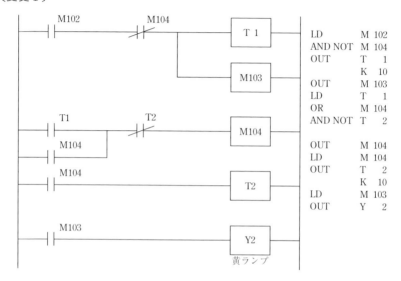

LD	M	102
AND NOT	M	104
OUT	T	1
	K	10
OUT	M	103
LD	T	1
OR	M	104
AND NOT	T	2
OUT	M	104
LD	M	104
OUT	T	2
	K	10
LD	M	103
OUT	Y	2

〔変更Ⅱ〕

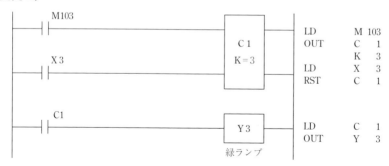

LD	M	103
OUT	C	1
	K	3
LD	X	3
RST	C	1
LD	C	1
OUT	Y	3

〔変更Ⅲ〕

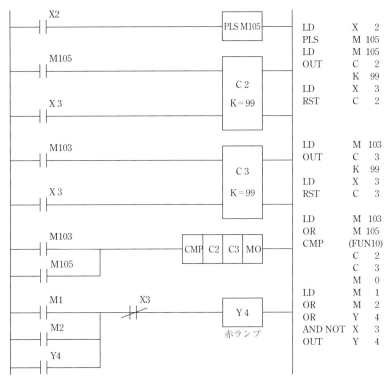

LD	X	2
PLS	M	105
LD	M	105
OUT	C	2
	K	99
LD	X	3
RST	C	2
LD	M	103
OUT	C	3
	K	99
LD	X	3
RST	C	3
LD	M	103
OR	M	105
CMP	(FUN10)	
	C	2
	C	3
	M	0
LD	M	1
OR	M	2
OR	Y	4
AND NOT	X	3
OUT	Y	4

〔課題2〕

（1）　次の提示品について、回路計及びチェック用ソケットを使用し、その
　　　結果を解答用紙に記入しなさい。

　　　　　　　ミニチャリレー　　４コ

　　　　　　　タイマ　　　　　　４コ

　　　※予め、解答欄に記載された不良品を混合しておく。

（2）　机上に提示された有接点シーケンス回路を点検し、下記タイムチャー
　　　トの動作となるよう不良個所を修復しなさい。

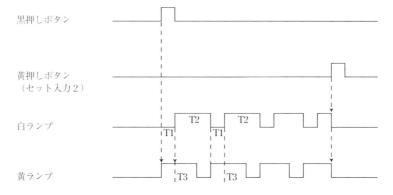

【シーケンス回路の不良の設定の仕方】

　問題に提示されたタイミングチャートの回路図は、次のとおり、不良の設定については、下記のように行う

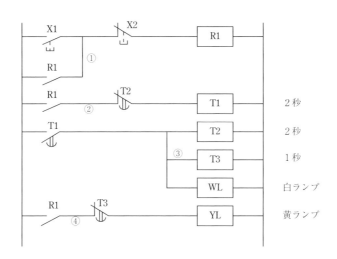

　　不良設定の方法

不良内容	設定の仕方
未配線	①〜④の2本を取り外す
配線断線	配線中の2本を断線のものと交換する
誤配線	配線中の一本を他端子に接続
リレー不良設定	リレー2個を不良品と交換する
タイマ不良設定	タイマ1個を不良品と交換する

課題2　リレー及びタイマーの点検解答用紙

回　路　点　検　表			
部品番号	良・否判定	不良原因解答欄	※減点数
リレー A	良・否		
リレー B	良・否		
リレー C	良・否		
リレー D	良・否		
タイマ A	良・否		
タイマ B	良・否		
タイマ C	良・否		
タイマ D	良・否		
※　減　点　合　計			

不良原因語群

記号	語句
ア	コイルの断線
イ	コイルのレアショート
ウ	a接点接触不良
エ	b接点接触不良
オ	a接点溶着
カ	b接点溶着

注1)　良否判定の項目については、良又は否のいずれかを○で囲むこと。

　　2)　不良原因の項目については、不良原因語群より適切なものを選び、
　　　　その記号を記入すること。

　　3)　※印欄には記入しないこと。

〔解説〕

（1）　次の提示品について、回路計及びチェック用ソケットを使用し、その
　　　結果を解答用紙に記入する。

　　　　　ミニチャリレー　　4コ

　　　　　タイマ　　　　　　4コ

不良の種類	チ ェ ッ ク 方 法
コイルの断線	テスタ（回路計）を使用して、導通、非導通を測定する。通常 DC24V リレーのコイル抵抗は、1kΩ前後となっている。非導通を確認した後、試験用ソケットにリレー又はタイマをセットし、電源スイッチを ON とした場合、動作をしないこと。
コイルのレアショート	コイルの焼損であり、通常は絶縁部分が破壊され、ショート状態となる。従って、テスタの抵抗レンジにより導通を測定した場合、抵抗が0に近くなる。試験用ソケットに差込、電源を入れるとブレーカが動作するか、焦げた異臭を発生するため、テスタのみの測定で判断する。
A接点接触不良	試験用ソケットにリレー又はタイマを差込、電源の ON、OFF を行った場合、電源 ON の時、A接点の導通不良、電源 OFF の時、A接点の導通ありとなる。　接触不良とは、本来、導通、非導通が不安定な状況をいい、正常と思われる状態も時として起る。試験においては、必ず不良の状態となっていると考えて良い。
B接点接触不良	試験用ソケットにリレー又はタイマを差込、電源の ON、OFF を行った場合、電源 OFF の時、B接点の導通不良、電源 ON の時、B接点の導通ありとなった場合、接触不良。
A接点溶着	試験用ソケットにリレー又はタイマを差込、電源の ON、OFF を行った場合、接点が常時導通状態となってしまう。　A接点が過大電流等のため、溶融して接着してしまう現象である。
B接点溶着	試験用ソケットにリレー又はタイマを差込、電源の ON、OFF を行った場合、接点が常時導通状態となってしまう。　B接点が過大電流等のため、溶融して接着してしまう現象である。

（2）　机上に提示された有接点シーケンス回路を点検し、下記タイムチャートの動作となるよう不良個所を修復する。

　　　　不良内容は、次の5項目が推定される。
　　① 未配線
　　② 配線断線
　　③ 誤配線
　　④ リレー不良
　　⑤ タイマ不良
　　　不良個所の発見方法については、最終ページを参照する。

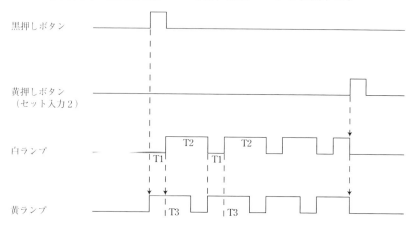

この回路図は、提示されません。

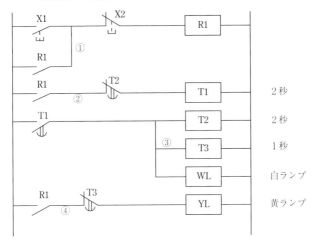

第7章

2級演習問題

次に示す試験時間及び注意事項に従って、各問題を行いなさい。

1. 試験時間

	試験時間	
	標準時間	打切時間
課題1	50分	60分
課題2	30分	50分

2. 注意事項

① 作業の実施順序については、技能検定委員の指示に従うこと。

② 問題用紙にメモ等を行ってもよいが、必ず、提出すること。

③ 使用工具等は、「使用工具等一覧表」で指定したもの以外は使用しないこと。

④ 解答用紙には、受験番号、氏名及び「仕様番号」を必ず記入すること。ただし、※印欄には記入しないこと。

  仕様番号とは、出題される問題の番号であり、試験官の指示で決定される。

⑤ 試験開始前の部品等点検時間内に試験用盤に配置してある部品等を目視点検し、損傷等のある場合には技能検定委員に申し出て、指示を受けること。なお、試験開始後は、原則として試験用盤及び部品等の交換は行わないが、部品等を破損又は紛失した場合は、技能検定委員に申し出ること。

⑥ 与えられた試験用盤及び部品等は取扱いに注意し、損傷を与えないこと。

⑦ 作業時の服装等は、作業に支障のないものであること。

⑧ 与えられた部品等は、使用後は必ずもとの場所にもどし、整理しておくこと。

⑨ 不正な行為や他人の迷惑になる言動は行わないこと。

⑩ 各課題の作業が終了した時には、技能検定員に終了の合図をすること。

⑪ 課題2では、リレー及びタイマは分解して点検をしないこと。

⑫ 課題1実施前に、検定員の指示に従い、プログラムコントローラのメモリ内のプログラムを全て消去すること。

［1］ 例題 A

〔課題1〕

（1）　試験用盤とプログラマブルコントローラーを用いて、入力3点、出力
　　　3点の配線を行いなさい。

　　　　プログラマブルコントローラからの出力は、リレーを介して行い、配
　　　線は適正な長さとし、圧着端子を使用してネジ止めすること。

　　　　不必要な配線は行わないこと。

（2）　下記のタイムチャートに基づいて、シーケンス図を作成しなさい。

（3）　上記シーケンス図に基づいて、プログラムコントローラにプログラム
　　　を入力しなさい。

タイムチャートの始まりは、論理0とする。

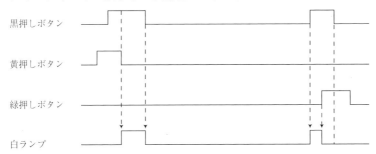

〔解説〕

（1）　試験用盤とプログラマブルコントローラーを用いて、入力3点、出力
　　　3点の配線を行いなさい。

　　　　プログラマブルコントローラからの出力は、リレーを介して行い、配
　　　線は適正な長さとし、圧着端子を使用してネジ止めすること。

　　　　不必要な配線は行わないこと。

【配線の解説】

配線を行う場合、必ず電源ブレーカーを OFF としておくこと。

制御盤とプログラマブルコントローラ（シーケンサ）の間の結線において、まず、シーケンサの入力端子に制御盤のスイッチからの配線を接続する。題意より、入力3点を使用する。シーケンサの入力コモン（COM）を各スイッチの片側に接続する。各スイッチの他端は、それぞれ、SW1 とシーケンサの X1、SW2 とシーケンサの X2、SW3 とシーケンサの X3 を接続する。

次に、電源、リレー、表示灯と順次配線接続を行う。

電源は、24V を使用、＋側をシーケンサの出力コモン端子に接続する。シーケンサの出力4点を Y1、Y2、Y3 と決定する。

決定された出力の端子 Y1 より、リレー R1 のコイルの一端（＋）へ配線を接続する。順次 Y2 とリレー R2 の（＋）側、Y3 とリレー R3 の（＋）側を接続する。

リレーのコイルの（−）側については、電源24V の（−）へ、それぞれ渡り配線を行う。

リレーの出力接点の配線については、リレー R1 を表示灯 L1 へリレー R2 を表示灯 L2、リレー R3 を表示灯 L3 へ接続する。

各リレーの使用接点及び接点端子の（＋）（−）を予め決定しておく。電源24V の（＋）側を各リレーの接点の（＋）にそれぞれ渡り接続を行う。各リレーの接点の（−）側と各表示灯の端子（リレー接続端子と電源（−）接続端子を予め決定しておく）のリレー接続側とを配線接続する。各表示灯の（−）端子は、渡り接続により、電源24V の（−）側に接続する。

実配線図については、実技出題問題集を参照する。

プログラマブルコントローラの種類によっては、配線が一部異なる場合があるので、各メーカーの取扱説明で確認すること。

172

（2）　題意のタイムチャートに基づいて、シーケンス図を作成する。

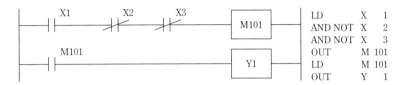

（3）　上記シーケンス図に基づいて、プログラマブルコントローラにプログ
　　　ラムを入力する。

引き続き会場で配布されるタイムチャートに基づき、プログラムの変更または追加をしなさい。

〔変更Ⅰ〕

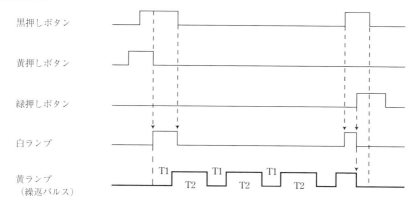

〔変更Ⅱ〕

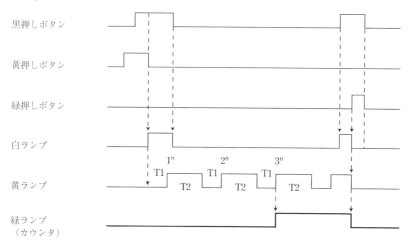

〔解説〕

　タイムチャートに基づき、プログラムの変更または追加をする。

〔変更Ⅰ〕

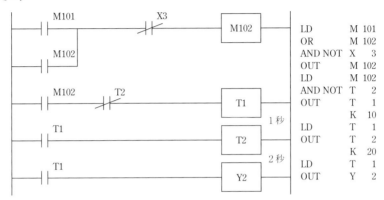

〔変更Ⅱ〕

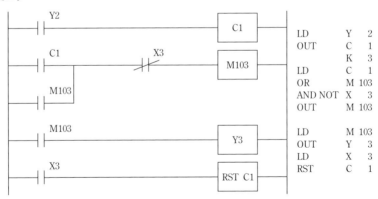

175

〔課題2〕

（1） 次の提示品について、回路計及びチェック用ソケットを使用し、その
　　　結果を解答用紙に記入する。

　　　　　ミニチャリレー　　４コ

　　　　　タイマ　　　　　　４コ

　　　※予め、解答欄に記載された不良品を混合しておく。

（2） 机上に提示された有接点シーケンス回路を点検し、不良個所を修復し
　　　なさい。

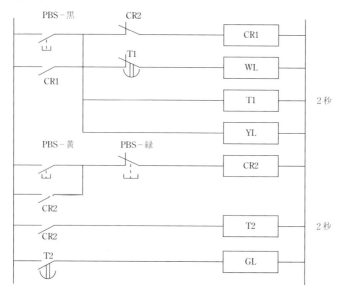

【不良設定方法】

不良内容	設定の仕方
未配線	①～④の２本を取り外す
配線断線	配線中の２本を断線のものと交換する
リレー不良設定	リレー１個を不良品と交換する
タイマ不良設定	タイマ１個を不良品と交換する

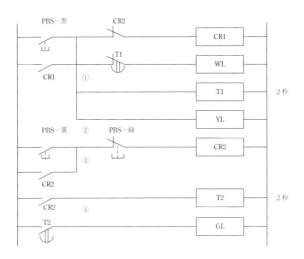

課題2　リレー及びタイマーの点検解答用紙

回　路　点　検　表			
部品番号	良・否判定	不良原因解答欄	※減点数
リレー A	良・否		
リレー B	良・否		
リレー C	良・否		
リレー D	良・否		
タイマ A	良・否		
タイマ B	良・否		
タイマ C	良・否		
タイマ D	良・否		
※　減　点　合　計			

不良原因語群

記号	語句
ア	コイルの断線
イ	コイルのレアショート
ウ	a接点接触不良
エ	b接点接触不良
オ	a接点溶着
カ	b接点溶着

注1） 良否判定の項目については、
　　　良又は否のいずれかを○で
　　　囲むこと。
　2） 不良原因の項目については、
　　　不良原因語群より適切なも
　　　のを選び、その記号を記入
　　　すること。
　3） ※印欄には記入しないこと。

178

〔解説〕

（1）　次の提示品について、回路計及びチェック用ソケットを使用し、その
　　結果を解答用紙に記入する。

　　　　　ミニチャリレー　　4コ

　　　　　タイマ　　　　　　4コ

不良の種類	チ　ェ　ッ　ク　方　法
コイルの断線	テスタ（回路計）を使用して、導通、非導通を測定する。通常 DC24V リレーのコイル抵抗は、１kΩ前後となっている。非導通を確認した後、試験用ソケットにリレー又はタイマをセットし、電源スイッチを ON とした場合、動作をしないこと。
コイルのレアショート	コイルの焼損であり、通常は絶縁部分が破壊され、ショート状態となる。従って、テスタの抵抗レンジにより導通を測定した場合、抵抗が0に近くなる。試験用ソケットに差込、電源を入れるとブレーカが動作するか、焦げた異臭を発生するため、テスタのみの測定で判断する。
A接点接触不良	試験用ソケットにリレー又はタイマを差込、電源の ON、OFF を行った場合、電源 ON の時、A 接点の導通不良、電源 OFF の時、A 接点の導通ありとなる。 　接触不良とは、本来、導通、非導通が不安定な状況をいい、正常と思われる状態も時として起る。試験においては、必ず不良の状態となっていると考えて良い。
B接点接触不良	試験用ソケットにリレー又はタイマを差込、電源の ON、OFF を行った場合、電源 OFF の時、B 接点の導通不良、電源 ON の時、B 接点の導通ありとなった場合、接触不良。
A接点溶着	試験用ソケットにリレー又はタイマを差込、電源の ON、OFF を行った場合、接点が常時導通状態となってしまう。 　A 接点が過大電流等のため、溶融して接着してしまう現象である。
B接点溶着	試験用ソケットにリレー又はタイマを差込、電源の ON、OFF を行った場合、接点が常時導通状態となってしまう。 　B 接点が過大電流等のため、溶融して接着してしまう現象である。

（2）　机上に提示された有接点シーケンス回路を点検し、題意の回路図より、タイムチャートを作成して、不良個所を修復する。タイムチャートは次のようになる。

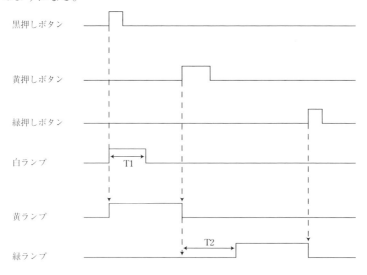

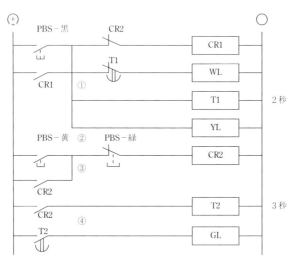

［2］例題 B

〔課題 1〕

（1） 試験用盤とプログラマブルコントローラーを用いて、入力3点、出力
　　　3点の配線を行いなさい。

　　　プログラマブルコントローラからの出力は、リレーを介して行い、配
　　　線は適正な長さとし、圧着端子を使用してネジ止めすること。

　　　不必要な配線は行わないこと。

（2） 下記のタイムチャートに基づいて、シーケンス図を作成しなさい。

（3） 上記シーケンス図に基づいて、プログラムコントローラにプログムを
　　　入力しなさい。

　　　タイムチャートの始まりは、論理0とする。

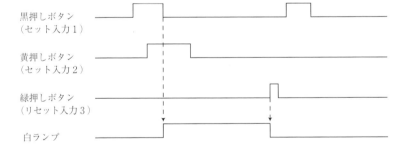

〔解説 1〕

　タイムチャートより、入力 X1（黒押しボタン）が OFF、入力 X2（黄押し
ボタン）が ON のとき、Y1 が ON となる。Y1 は、自己保持し、X3（緑押し
ボタン）が ON により、OFF となる。

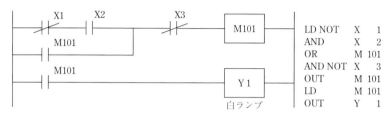

LD NOT	X	1
AND	X	2
OR	M	101
AND NOT	X	3
OUT	M	101
LD	M	101
OUT	Y	1

　引き続き会場で配布されるタイムチャートに基づき、プログラムの変更または追加をしなさい。

〔変更Ⅰ〕

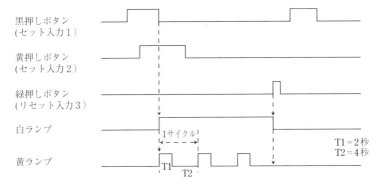

〔変更Ⅱ〕

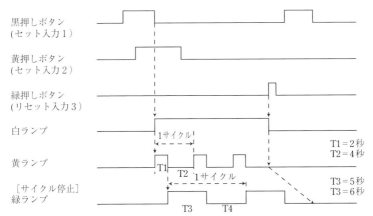

〔解説〕

〔変更Ⅰ〕

　　出力2（黄ランプ）は、上記出力（白ランプ）と同時にONとなり、T1秒後にOFF、さらに、T2秒後にONとなり、繰り返しパルスを発生させる。

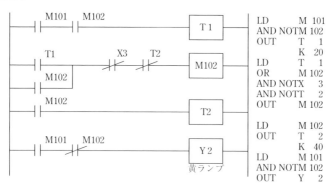

〔変更Ⅱ〕

　　上記、出力2（黄ランプ）の立ち下がりにより、出力3（緑ランプ）をONさせる。T3秒後にOFFさせ、さらにT4秒後にONをする繰り返しパルスを発生させる。リセットX3（緑押しボタン）により、出力3をサイクル停止させる。

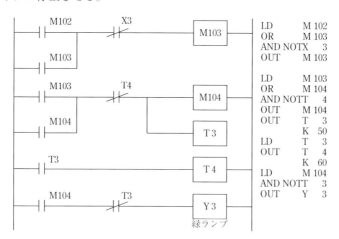

184

〔課題2〕

（1）　次の提示品について、回路計及びチェック用ソケットを使用し、その
　　　結果を解答用紙に記入しなさい。

　　　　　ミニチャリレー　　　4コ

　　　　　タイマ　　　　　　　4コ

　　　※予め、解答欄に記載された不良品を混合しておく。

（2）　机上に提示された有接点シーケンス回路を点検し、不良個所を修復し
　　　なさい。

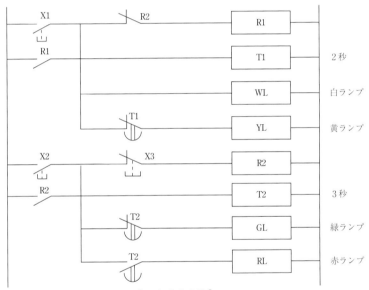

【不良設定方法】

不良内容	設定の仕方
未配線	①～④の2本を取り外す
配線断線	配線中の2本を断線のものと交換する
誤配線	配線中の一本を他端子に接続
リレー不良設定	リレー1個を不良品と交換する
タイマ不良設定	タイマ1個を不良品と交換する

185

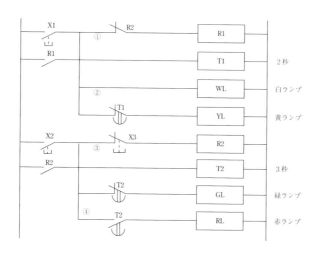

課題2　リレー及びタイマーの点検解答用紙

回　路　点　検　表			
部品番号	良・否判定	不良原因解答欄	※減点数
リレー A	良・否		
リレー B	良・否		
リレー C	良・否		
リレー D	良・否		
タイマ A	良・否		
タイマ B	良・否		
タイマ C	良・否		
タイマ D	良・否		
※　減　点　合　計			

不良原因語群

記号	語句
ア	コイルの断線
イ	コイルのレアショート
ウ	a接点接触不良
エ	b接点接触不良
オ	a接点溶着
カ	b接点溶着

注1）　良否判定の項目については、良又は否のいずれかを○で囲むこと。

2）　不良原因の項目については、不良原因語群より適切なものを選び、その記号を記入すること。

3）　※印欄には記入しないこと。

〔解説〕

（1）　次の提示品について、回路計及びチェック用ソケットを使用し、その
　　　結果を解答用紙に記入する。

　　　　　　ミニチャリレー　　4コ
　　　　　　タイマ　　　　　　4コ

不良の種類	チ ェ ッ ク 方 法
コイルの断線	テスタ（回路計）を使用して、導通、非導通を測定する。通常 DC24V リレーのコイル抵抗は、1 kΩ前後となっている。非導通を確認した後、試験用ソケットにリレー又はタイマをセットし、電源スイッチを ON とした場合、動作をしないこと。
コイルのレアショート	コイルの焼損であり、通常は絶縁部分が破壊され、ショート状態となる。従って、テスタの抵抗レンジにより導通を測定した場合、抵抗が0に近くなる。試験用ソケットに差込、電源を入れるとブレーカが動作するか、焦げた異臭を発生するため、テスタのみの測定で判断する。
A接点接触不良	試験用ソケットにリレー又はタイマを差込、電源のON、OFF を行った場合、電源 ON の時、A接点の導通不良、電源 OFF の時、A接点の導通ありとなる。 　接触不良とは、本来、導通、非導通が不安定な状況をいい、正常と思われる状態も時として起る。試験においては、必ず不良の状態となっていると考えて良い。
B接点接触不良	試験用ソケットにリレー又はタイマを差込、電源のON、OFF を行った場合、電源 OFF の時、B接点の導通不良、電源 ON の時、B接点の導通ありとなった場合、接触不良。
A接点溶着	試験用ソケットにリレー又はタイマを差込、電源のON、OFF を行った場合、接点が常時導通状態となってしまう。 　A接点が過大電流等のため、溶融して接着してしまう現象である。
B接点溶着	試験用ソケットにリレー又はタイマを差込、電源のON、OFF を行った場合、接点が常時導通状態となってしまう。 　B接点が過大電流等のため、溶融して接着してしまう現象である。

（2）　机上に提示された有接点シーケンス回路を点検し、回路図より、タイ
　　ムチャートを作成し、かつ、不良個所を修復する。
　　　　不良内容は、次の 5 項目が推定される。
　　①　未配線
　　②　配線断線
　　③　誤配線
　　④　リレー不良
　　⑤　タイマ不良
　　　　不良個所の発見方法については、最終ページを参照する。

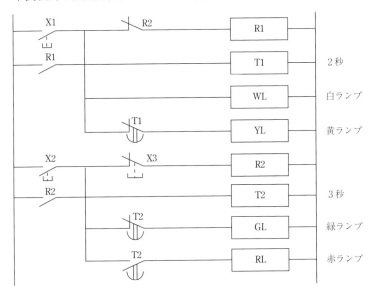

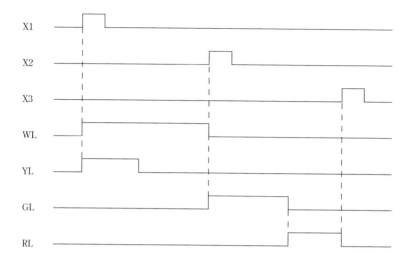

〔不良個所の発見方法〕

1．**未配線**（P178　2級課題2の回路図を参照）

　1）回路図の①の部分の配線が取り外されている場合

　　SW1（黒押しボタン）を押した場合、黄ランプが点灯しない。

　　暫く、SW1を押したままにしても、点灯している白ランプが消えない。

　　※テスタによる確認

　　　テスタの－側を回路図の－側に付けておき、テスタの＋側を次のポイントにあてる。

　　　　　CR1接点の－側　　　　　電圧あり（DC24V）

　　　　　T1接点の＋側　　　　　電圧なし

　　　　　YLの＋側　　　　　　　電圧なし

　　　この場合、①の部分の配線がない。

　2）回路図の②の部分の配線が取り外されている場合

　　SW2（黄押しボタン）を押した場合、黄ランプが消灯しない。

　　CR2がONしない。

　　※テスタによる確認

　　　テスタの－側を回路図の－側に付けておき、テスタの＋側を次のポイントにあてる。

　　　　　PBS-黄の－側　　　　　電圧あり（DC24V）

　　　　　PBS-緑の＋側　　　　　電圧なし

　　　この場合、②の部分の配線がない。

　3）回路図の③の部分の配線が取り外されている場合

　　SW2（黄押しボタン）を押した場合、黄ランプが消灯する。

　　緑ランプが点灯しない。

　　※テスタによる確認

　　　テスタの－側を回路図の－側に付けておき、テスタの＋側を次のポイントにあてる。

　　　　　PBS-黄の－側　　　　　電圧あり（DC24V）

　　　　　PBS-緑の＋側　　　　　電圧あるが、SW2 を放すと電圧なく

　　　　　　　　　　　　　　　　なる。

　　　この場合、③の部分の配線がなく、自己保持不可

4）回路図の④の部分の配線が取り外されている場合

　　SW2（黄押しボタン）を押した場合、一定時間経過後においても、緑

ランプが点灯しない。

　　※テスタによる確認

　　　テスタの － 側を回路図の － 側に付けておき、テスタの ＋ 側を次

　　のポイントにあてる。

　　　　　T2 タイマ接点の－側　　電圧あり（DC24V）

　　　　緑ランプの＋側　　　　　電圧なし

　　　この場合、④の部分の配線がない。

2．配線断線

　　未配線と同様の状態となる。

　　テスタによるチェック方法も、同様である。

3．誤配線

　　①配線接続端子の入れ違い。

　　②正規の端子以外へ配線接続確認としてはテスタによる導通試験で配線

　　　チェックを行なう。

4．リレー及びタイマの不良

　　リレー及びタイマのコイルまたは接点の不良である。

　　※テスタによるチェック方法

　　　リレーまたはタイマのコイル＋側端子に電圧があっても、コイル

　　　動作不能またはその接点出力がON（A接点）とならない。

　　　リレーまたはタイマが不良である。

　　　不良の原因は課題2（1）による。

第 8 章

過年度 1 級実技試験問題

　過去に出題された問題を掲載します。

　実技試験の出題は、PC を使用したシーケンス回路の作成、変更、とシーケンスリレー盤の故障修復の 2 問となります。出題 1 （課題 1 ）は、シーケンスタイムチャートが与えられ、そのタイムチャートに基づき、回路を組立て、プログラマブルコントローラに入力し、さらに指示された仕様に基づき追加、変更を行う作業です。

　出題 2 （課題 2 ）は、リレー及びタイマーの個別点検を行いその不良箇所を指示に基づいて解答します。次に有接点シーケンス回路の点検を行いその不良箇所を修復して、与えられたタイムチャートのとおりの動作となるよう修復します。

〔ポイント〕

　頭の中で回路が組めていても、いざ試験となると時間という制約がついてきます。普段からの回路作成スピードを考慮に入れた訓練を何回も行っておく必要があります。復習も十分に重ね、柔軟な回路作成ができるようにすることが大切です。

　仕様に基づく追加問題については、公表されておりませんので、各自予想される問題を想定し、各出力のタイムチャートを作成し、プログラミングを行ってください。

　課題 2 については、リレーシーケンスをタイムチャート通りの動作がなされるよう修復する作業であり、不良箇所が複数入っているため、その修復箇所の発見が難しくなります。したがって、自分で回路を作成して、模擬的に不良箇所とその事象とをよく理解しておく必要があります。この問題も時間との戦いでありますので、落ち着いてパニックにならないよう練習を何回も行ってください。意外に簡単なものでも試験となると普段とは違った状況となります。短時間での修復となりますので、訓練とチェック方法の手順を身につけておくこが合格への道となります。

〔Ⅰ〕 1級実技対策問題

〔課題1〕 プログラマブルコントローラ（PC）による回路組立て作業

　試験用盤と持参したプログラマブルコントローラを用いて、入力3点及び出力4点の配線を行い、5ページに示す［PC仕様］のうちから、試験当日、指示された仕様のプログラムを入力しなさい。

　ただし、プログラマブルコントローラからの出力は、試験用盤上のリレーを介して行うこと（PCのサービス電源は使用しないこと）。

　また、配線は適切な長さとし、圧着端子を使用してねじ止めするが、不必要な配線を行わないこと。

　なお、タイムチャートの始まりは、論理『0』とする。

プログラマブルコントローラによる仕様変更作業

　試験場において、指示された仕様変更によりプログラムの変更を行いなさい。

〔課題2〕 リレー、タイマの点検、有接点シーケンス回路の点検及び修復作業

　与えられたリレー及びタイマの回路計（テスタ）とチェック用ソケットを使用して点検し、その結果を解答用紙に記入しなさい。また、試験当日、指示されたタイムチャートをもとに有接点シーケンス回路を点検し、不良箇所のみを修復しなさい。ただし、リレー及びタイマは、点検の結果、良品を使用し、配線は、必ず青以外の線を使用すること。なお、ランプ及び押しボタンスイッチと端子台の間を接続する配線には異常はないものとする。

　なお、配線は適切な長さとし、圧着端子を使用してねじ止めするが、不必要な配線を行わないこと。また、チェック用ソケットは、次のように配線されている。

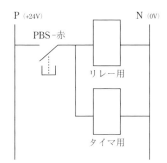

PBS：押しボタンスイッチ

〔支給材料〕

支給材料は下記のとおりとする。

品　名	寸法又は規格	数量	備　考
KIV線	0.75mm² 又は 1.25mm²　　　　　（青色）	10m	より線
	0.75mm² 又は 1.25mm²　　　　（青色以外）	2m	課題3用　より線
圧着端子	1.25mm²（0.75mm²兼用）、Y型　100ケ入	1箱	絶縁処理なし

1級機械保全（電気系保全作業）実技試験問題使用工具一覧表

1．受検者が持参するもの

（1） 筆記用具

　HBかBの鉛筆またはシャープペンシル（ボールペンは不可）と消しゴム

　チェック用マーキングペンは使用可。

　*28年度より、課題2の解答用紙がマークシート形式に変更になります。

区分	品　名	仕様・規格	数量	備考（仕様・規格の補足説明）
設　備	プログラマブルコントローラ（PLC） （プログラミングツール、接続ケーブル含む） AC100V用の電源コード・プラグまたはACアダプタなど（使用するPLCに適合したもの）	【入力】 DC24V用 3点以上 【出力】 接点式または DC24Vオープンコレクタ式 4点以上	1	・プログラミングツールとしてパソコン使用可 ・PLCおよびパソコンのメモリ内の事前作成プログラムは全消去（メモリクリア）しておいてください ・PLC側のコモン端子の渡り線は事前配線可
工具類	十字ねじ回し （プラスドライバ）	2番	1	・絶縁タイプを推奨 ・電動式や貫通タイプは使用不可
工具類	ニッパ		1	
工具類	ワイヤストリッパ		1	・課題に適合するもの
工具類	圧着ペンチ	ラチェット機能付き	1	・課題に適合するもの ・ラチェット機能ないものは使用不可
工具類	回路計（テスタ） （予備ヒューズを含む）		1	・デジタル式も可 ・テスタの測定端子にワニ口クリップを用いるのは可 ・ヒューズ交換用工具は使用可

2．試験会場で用意されているもの

（1） 機材

　試験会場で使用する機材は下記のとおりです。

区分	品名	仕様・規格		数量	備　考
設　備	試験用盤	表示ランプ（DC24V用）		4	・金属製の盤上に、次ページの図のように部品が配置されています ・ランプ、押しボタンスイッチ、ソケット、端子台は、試験用盤上に固定されています ・電源からサーキットブレーカまでと、サーキットブレーカからプラグまでは配線されています ・ランプおよび押しボタンスイッチは、各端子台に配線されています ・端子台およびソケットのネジサイズはNo.2（M3）です
設　備	試験用盤	押しボタンスイッチ （自動復帰接点（1a、1bまたは1c））		4	
設　備	試験用盤	ミニチュアリレー （DC24V用、4c）	課題1用 （良品のみ）	4	
設　備	試験用盤	ミニチュアリレー （DC24V用、4c）	課題2用 （不良品含む）	4	
設　備	試験用盤	ミニチュアタイマ （DC24V用、4c）	課題2用 （不良品含む）	4	
設　備	試験用盤	ソケット（レール含む）		8	
設　備	試験用盤	サーキットブレーカ（1A）		1	
設　備	試験用盤	電源用配線およびスイッチ		1	
設　備	試験用盤	DC24V電源		1	
設　備	試験用盤	ランプ用端子台（8P）		1	
設　備	試験用盤	押しボタンスイッチ用端子台（12P）		1	
電　源	コンセント	AC100V 2P		3口	

試験用盤の部品配置及びソケット図（例）

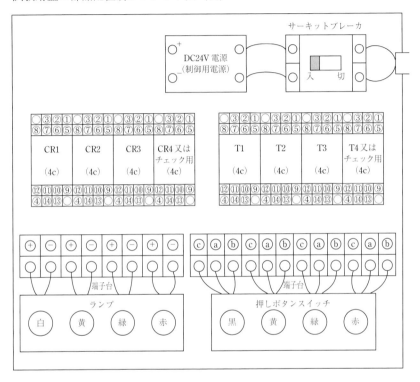

（注）試験会場により、部品の配置が異なる場合は、別に提示される。

（例）リレー及びタイマ内部配線図（タイマには、極性がある）

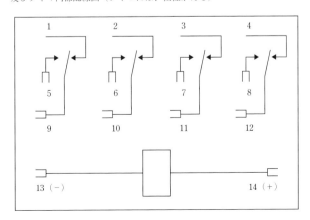

[PC 仕様] （タイムチャート図）

仕様1　カウンタ機能を使用し、下記のように動作させる。

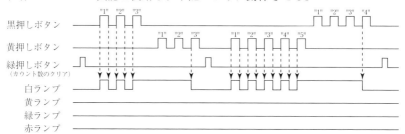

仕様2　カウンタ機能を使用し、下記のように動作させる。

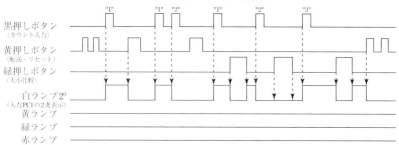

仕様3　微分機能を使用し、下記のように動作させる。

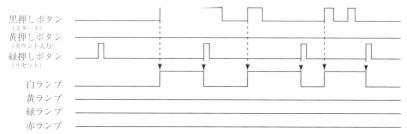

仕様4　カウンタ機能を使用し、下記のように動作させる。

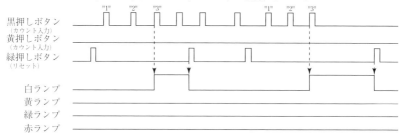

【1級問題解説】

〔課題1〕

　提示されたタイムチャート図より、仕様1、仕様2、仕様3、仕様4と4つのパターンが表示されます。皆さんが試験を受ける際は、この4つのパターンの中から、試験会場の試験委員が1つを選び、それについて、解答を作り上げることになります。従って、この4つのパターンの中からどれが出題されるかは、わかりませんがすべてについて回路を組めるようにしておかなければなりません。(2級と同じ)

〔仕様1〕カウンタを使用する問題

　黒押しボタン、黄押しボタンともカウンタパルス発生用であり、緑押しボタンは、それぞれのカウンタのリセットとしている。

　緑押しボタンONにより、初期値をリセットし、出力(白ランプ)は、黒押しボタンと同期し、3カウント目で自己保持する。黄押しボタン3カウント目でリセットされる。緑押しボタンにより、初期リセット後、黄押しボタンを押しはじめると、白ランプは、黄押しボタンと同期して、5カウント目で自己保持され、黒押しボタンの4カウント目でOFFとなる。

1級（解答例）

仕様1

　リセット後、黒押ボタンを先に押す場合と黄押ボタンを先に押す場合とで
カウンターによる白ランプ動作が異なる。（優先回路を設定する）

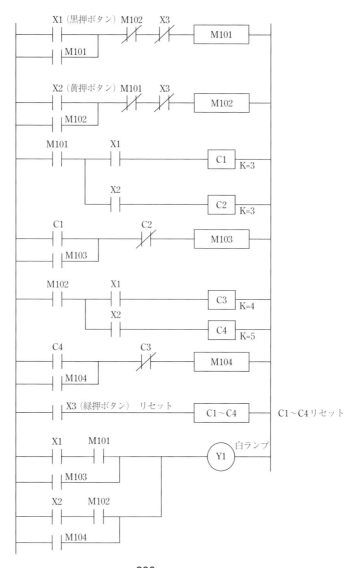

〔仕様2〕カウンタ機能を使用

　タイムチャートから　ちょっと複雑な回路と判断される。転送、大小比較などの変更問題を念頭においての回路作成が必要である。

　黄押しボタンをリセット用として、スタートする。黒押しボタンがONにより、出力（白ランプ）がONとなる。白ランプは、リセット（黄押しボタン）または黒押しボタンの2カウント目でOFFとなる。緑押しボタンを無視した場合、黒押しボタンと白ランプは、プッシュON―プッシュOFFの回路となる。緑押しボタンがON状態で白ランプが必ずOFFとなるので、白ランプ回路にシリースにB接点挿入で、タイムチャートの関係が表示される。ただし、変更問題との関係でこんなに簡単ではない場合もありえる。

仕様2

　プッシュON−プッシュOFFの動作は2進法の0桁目と一致します。

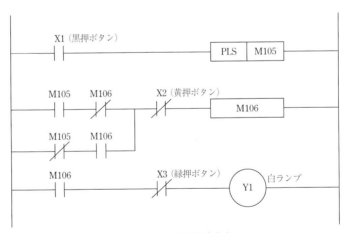

変更1、以降にカウンタを使用した大小比較が出てきます。

〔仕様3〕微分機能を使用

　微分機能さえ知っていれば、非常に簡単な問題である。こういう問題に限って、変更問題が難しくなる場合があるので注意が必要である。黒押しボタンの立ち上がり部分をパルス化して、その発生パルスにより、白ランプを自

己保持させる。そして緑押しボタンにより、リセットさせる。

仕様3

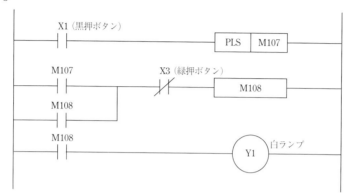

〔仕様4〕 カウンタ機能を使用

　黒押しボタン3カウント目で白ランプが自己保持、緑押しボタンによりリセットさせる回路である。比較的、初歩的な回路である。

仕様4

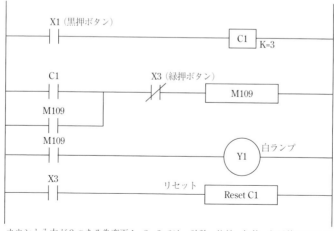

カウント入力が2つある為変更1、2、3では、計数、比較、加算、転送等の問題が
予想されます。

　1級においては、基本問題の後、変更問題が、3問出題される。タイマー回路を基本として、パルス計数を保存、転送、比較がオーソドックスなパターンである。タイムチャートでの問題は、判断間違いがおこりやすいので、2サイクル目、3サイクル目で十分動作確認をする必要がある。

〔仕様変更問題〕

　1級においては、変更1、変更2、変更3が出題され、それぞれ、出力が黄ランプ、緑ランプ、赤ランプの動作が追加されていきます。過去、出された変更問題が出題されますので、過去問題について十分な対応をしておいてください。

　（問題集等で公開されてしまうと翌年異なった問題が出題される）

〔課題2〕

　リレーシーケンスの修復問題です。1級の場合、タイムチャートのみ、配布され、そのとおりの動作が可能となる回路の修復です。回路は、2級の問題と同程度です。図面がなく推定が入ってくるので若干難しく感じます。

　既に、前節において、訓練済みのため、ここでは省略させて頂きます。

〔Ⅱ〕 過年度 PC 仕様問題（1級）

[PC 仕様] （タイムチャート図）

仕様1

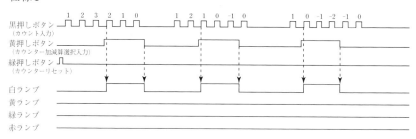

仕様2

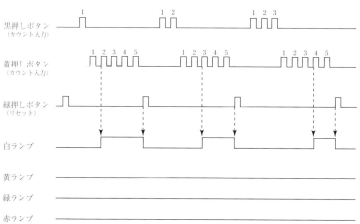

【1 級　PC 仕様　解説】

〔仕様 1〕SW1 と SW2 および白ランプ（Y1）の関係は次のとおり

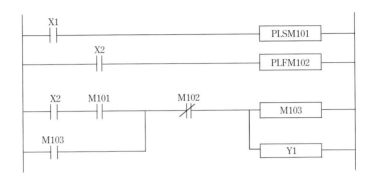

　この問題は、カウンターの数値を演算させるものである。

　スイッチ SW2 が OFF の時 SW1 のパルスを加算し、スイッチ SW2 が ON の時 SW1 のパルスを減算する。

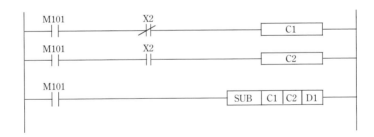

　カウンターリセットは、SW3 を使用する。

　変更問題の予想

　　パルス発生回路

　　D1 の数のパルスを発生させて止める。

　　（p98　問題14　参照）

〔仕様2〕SW1とSW2および白ランプ（Y1）の関係は次のとおり

　この問題は、カウンターの数値を比較させるものである。

　スイッチSW1のパルスのカウントより、SW2のパルスカウントが大きくなった時、白ランプがONとなる。

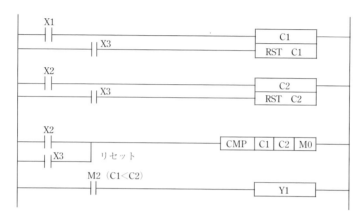

（p95　問題13解説　参照）

変更問題の予想

　パルス発生回路

　カウンターパルスの数をタイマーの数値に置き換えて出力を任意の時間で止める。

（転送命令使用）

〔Ⅲ〕過年度 PC 仕様問題（1 級）

[PC 仕様]　（タイムチャート図）

仕様1

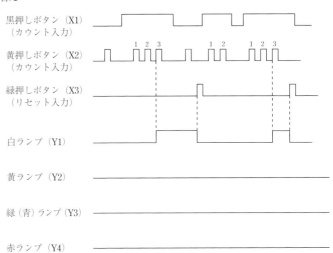

仕様2

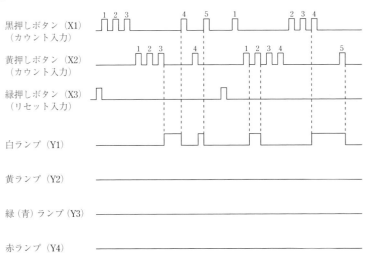

【1級　PC 仕様　解説】

　実技のスタートは、配線作業から行わなければならない。全体的な時間配分を考慮にいれると課題1として標準50分となっています。課題1は予めわかっているので、配線10〜15分、ラダーの作成、打込は5〜10分で完了させなければいけない。配線作業10〜15分で行うためには、使用工具を電線サイズにあった、使い慣れたものを使用し、電線の本数、その長さを予め決めておき、開始と同時に①必要な電線本数をすべて切断、②端子の被覆を一挨に剥く③すべての配線に端子をつける。④リレー、ランプ、スイッチの渡り線を取り付ける。⑤電源＋とリレー端子、電源＋とシーケンサー OUT−COM 端子、電源―とランプ−端子間、リレー A 接点とランプ＋端子　⑥シーケンサーOUT の各端子とリレーのコイル端子＋（3〜4本）、⑦シーケンサー IN−COM端子と SW のコモン（渡り線）間、⑧シーケンサー IN−各入力端子とスイッチの各出側端子（4本）合計29本　予め本数を確認しておくと未配線がなくなります。（第1章1−5実配線作業を参照）

　慣れた方とそうでない方では、時間にかなりの差が出てきますので、相当の訓練をしないと、時間内での配分が難しく、ラダー作成等であせりによるミスが誘発されることになり兼ねません。

〔仕様1〕

　SW1（X1）がON状態の時、SW2（X2）を入り切りすることによりカウントがはじまる。SW2が3カウントとなった時に出力（Y1）がONとなりSW3（X3）でOFFとなる。カウンターリセットはSW1のOFFの時で、SW1を再投入するとカウンターは最初からのスタートとなる。SW1がOFF状態では、SW2を入り切りしてもカウントはされない回路となっています。ラダー図は下記のとおりとなっています。

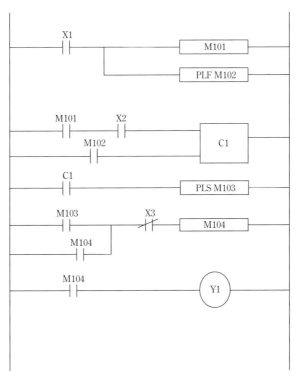

〔仕様2〕

　この問題は、SW1（X1）の ON（立ち上がり信号）をカウンターでとらえて、同時に SW2（X2）の OFF（立下り信号）をカウンターでとらえて比較させ一致した時に出力（Y1）を ON とさせている。なお、カウンターリセットはいずれも SW3（X3）により OFF となっています。ラダー図は下記のとおりとなっています。

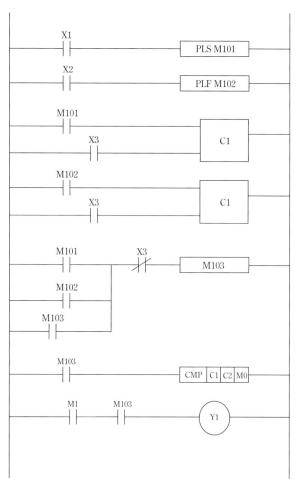

〔課題2〕リレー、タイマーの点検、有接点シーケンス回路の点検及び修復

　この問題は、毎年類似問題が出題されており、1級はタイムチャートにより、2級はシーケンス回路にもとづいて修復していく問題となっています。

　短時間で行うためには、チェックのパターン化が必要になります。

① 　リレー、タイマーの個別チェックにより、接点不良のものをより分け、良品のみを回路内にセットする。

② 　つぎに、誤配線、断線、未結線を探す。

③ 　この場合、予め、−（マイナス）端子となるべきところ、＋（プラス）端子となるべきところまでは、それぞれ、−（0V）、または＋（24V）となっているかを予め確認しておく。ここで渡り線などの未配線又は断線が見つかる。

④ 　つぎに、テスター端子を−に固定させ、順次第5章1−2回路不良の見つけ方を参照して不良箇所を探す。

　　時間の制約はありますが、基本的なチェック、消し込みが不良配線の正確な短時間修復に繋がると思います。

第 9 章

過年度 2 級実技試験問題

　過去において、出題された問題を掲載します。

　電気系保全作業試験の実技においては、新規の問題が出題される場合もありますので普段からいろいろな回路に慣れておくことが必要です。

　基本的な回路について、迅速に正確に回路作成が出来るように、また応用力も訓練しておいてください。

　出題 1 （課題 1 ）については、事前に問題が配布されるため十分訓練を積んでおく必要があります。追加、変更問題については、柔軟な回路作成ができるよう訓練を行うことが大切です。

　出題 2 （課題 2 ）については、リレーシーケンスをシーケンス回路図通りの動作がなされるよう修復する作業であり、簡単な作業ではありますが、修復箇所が複数のため、やや複雑になります。一般的に複数故障は、殆どないと思われますので修理勝手が違い訓練をしておかないと思考錯誤の状態に陥ってしまいます。いずれにしても、短時間での修復となりますので、訓練とチェック方法の手順を身につけておくことが合格への道となります。

〔Ⅰ〕過年度2級出題問題

〔課題1〕プログラマブルコントローラ（PC）による回路組立て作業

　試験用盤と持参したプログラマブルコントローラを用いて、入力3点及び出力4点の配線を行い、5ページに示す［PC仕様］のうちから、試験当日、指示された仕様のプログラムを入力しなさい。

　ただし、プログラマブルコントローラからの出力は、試験用盤上のリレーを介して行うこと（PCのサービス電源は使用しないこと）。

　また、配線は適切な長さとし、圧着端子を使用してねじ止めするが、不必要な配線を行わないこと。

　なお、タイムチャートの始まりは、論理『0』とする。

〔仕様変更問題〕プログラマブルコントローラによる仕様変更作業

　試験場において、指示された仕様変更によりプログラムの変更を行いなさい。

〔課題2〕リレー、タイマの点検、有接点シーケンス回路の点検及び修復作業

　与えられたリレー及びタイマの回路計（テスタ）とチェック用ソケットを使用して点検し、その結果を解答用紙に記入しなさい。また、試験当日、指示されたタイムチャートをもとに有接点シーケンス回路を点検し、不良箇所のみを修復しなさい。ただし、リレー及びタイマは、点検の結果、良品を使用し、配線は、必ず青以外の線を使用すること。なお、ランプ及び押しボタンスイッチと端子台の間を接続する配線には異常はないものとする。なお、配線は適切な長さとし、圧着端子を使用してねじ止めするが、不必要な配線を行わないこと。また、チェック用ソケットは、次のように配線されている。

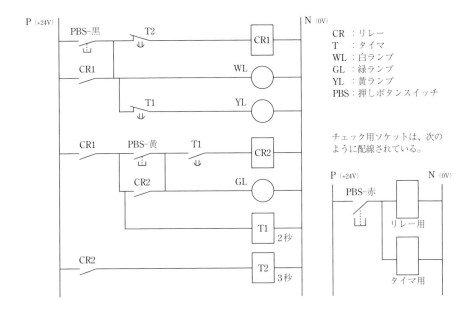

参考　接点図記号

	a接点	b接点
押しボタンスイッチ		
リレー接点		
限時動作接点		

〔支給材料〕

支給材料は下記のとおりとする。

品　名	寸法又は規格	数量	備　考
KIV線	0.75mm² 又は 1.25mm²　　　（青色）	10m	より線
	0.75mm² 又は 1.25mm²　　　（青色以外）	2m	課題3用　より線
圧着端子	1.25mm²（0.75mm²兼用）、Y型　100ケ入	1箱	絶縁処理なし

2級機械保全（電気系保全作業）実技試験問題使用工具一覧表

1．受検者が持参するもの

（1）筆記用具

HBかBの鉛筆またはシャープペンシル（ボールペンは不可）と消しゴム
チェック用マーキングペンは使用可。

＊28年度より、課題2の解答用紙がマークシート形式に変更になります。

区分	品　名	仕様・規格	数量	備考（仕様・規格の補足説明）
設備	プログラマブルコントローラ（PLC） （プログラミングツール、接続ケーブル含む） AC100V用の電源コード・プラグまたはACアダプタなど（使用するPLCに適合したもの）	【入力】 DC24V用 3点以上 【出力】 接点式または DC24V オープンコレクタ式 3点以上	1	・プログラミングツールとしてパソコン使用可 ・PLCおよびパソコンのメモリ内の事前作成プログラムは全消去（メモリクリア）しておいてください ・PLC側のコモン端子の渡り線は事前に配線しておいて構いません
工具類	十字ねじ回し （プラスドライバ）	2番	1	・絶縁タイプを推奨 ・電動式や貫通タイプは使用不可
	ニッパ		1	
	ワイヤストリッパ		1	・課題に適合するもの
	圧着ペンチ	ラチェット機能付き	1	・課題に適合するもの ・ラチェット機能ないものは使用不可
	回路計（テスタ） （予備ヒューズを含む）		1	・デジタル式も可 ・テスタの測定端子にワニ口クリップを用いるのは可 ・ヒューズ交換用工具は使用可

2．試験会場で用意されているもの

（1）機材

試験会場で使用する機材は下記のとおりです。

区分	品名	仕様・規格		数量	備考
設備	試験用盤	表示ランプ（DC24V用）		4	・金属製の盤上に、次ページの図のように部品が配置されています ・ランプ、押しボタンスイッチ、ソケット、端子台は、試験用盤上に固定されています ・電源からサーキットブレーカまでと、サーキットブレーカからプラグまでは配線されています ・ランプおよび押しボタンスイッチは、各端子台に配線されています ・端子台およびソケットのネジサイズはNo.2（M3）です
		押しボタンスイッチ （自動復帰接点（1a、1bまたは1c））		4	
		ミニチュアリレー （DC24V用、4c）	課題1用 （良品のみ）	3	
			課題2用 （不良品含む）	4	
		ミニチュアタイマ （DC24V用、4c）	課題2用 （不良品含む）	4	
		ソケット（レール含む）		8	
		サーキットブレーカ（1A）		1	
		電源用配線およびスイッチ		1	
		DC24V電源		1	
		ランプ用端子台（8P）		1	
		押しボタンスイッチ用端子台（12P）		1	
電源	コンセント	AC100V 2P		3口	

試験用盤の部品配置及びソケット図（例）

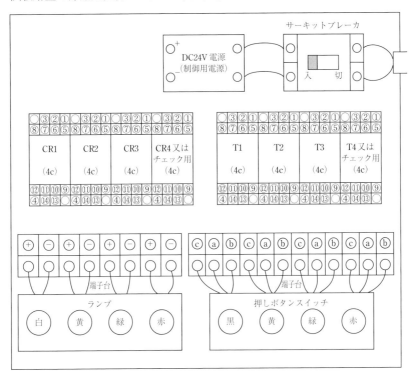

(注) 試験会場により、部品の配置が異なる場合は、別に提示される。

(例) リレー及びタイマ内部配線図（タイマには、極性がある）

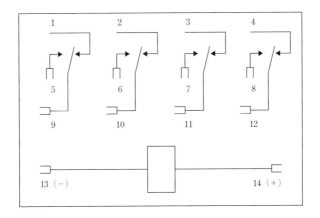

[PC 仕様] （タイムチャート図）

仕様1［プッシュ ON-プッシュ OFF 回路］

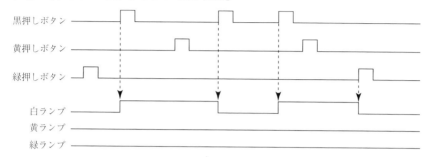

仕様2［操作順序回路1］

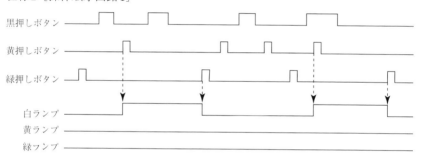

仕様3［操作順序回路2］

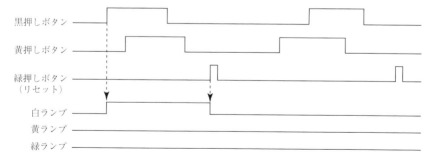

仕様 4 ［操作順序回路 3 ］

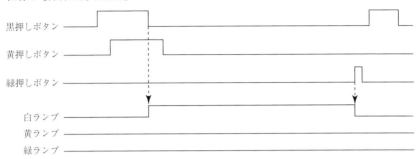

【2 級問題解説】

〔課題１〕

　提示されたタイムチャート図より、仕様１、仕様２、仕様３、仕様４　と４つのパターンが提示されます。皆さんが試験を受ける際は、この４つのパターンの中から、試験会場の試験委員が１つを選び、それについて、解答を作り上げることになります。従って、この４つのパターンの中からどれが出題されるかは、わかりませんがすべてについて回路を組めるようにしておかなければなりません。

〔仕様１〕プッシュ ON・プッシュ OFF 回路

　黒押しボタンを押して、白ランプが点灯、もう一度、黒押しボタンを押すと白ランプが消える回路です。これがこの問題の基本問題で当然公開されていますので、すべての受験者ができるものと思われます。

　次に上記回路を前提とした変更、追加問題（変更１、変更２）が出題されます。
　変更１　　例として黄押しボタン、緑押しボタンを押して、黄ランプのON − OFF をさせる変更問題が出題されます。
　繰り返しパルスの発生、サイクル停止などの問題が予想されます。

　変更２　　上記押しボタンを使用しながら、緑ランプの ON − OFF をさせる問題が出題されます。カウンター回路、タイマー回路の応用編が予想されます。

　仕様２から仕様４までは、操作順序回路です。押しボタンの ON − OFF の条件をひろって、白ランプが ON − OFF する回路です。具体的には、下記のようなラダー図となります。変更１、変更２は、仕様１とほぼ同様な問題となります。

2級（解答例）

仕様1

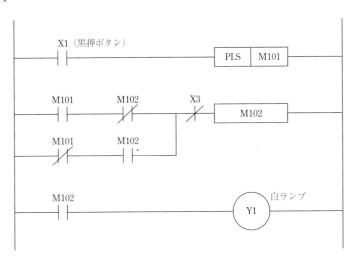

プッシュ ON−OFF 回路において不安定であると思われる方は下記回路図でも OK です。

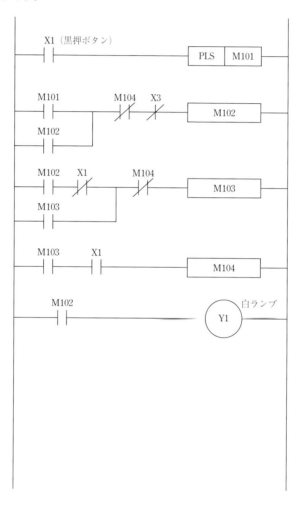

仕様 2

　2 サイクル目の起動条件を考えると、緑押しボタンのプッシュ ON－プッシュ OFF の ON 状態の時に黄ボタン ON とすると白ランプが ON となると考えられます。

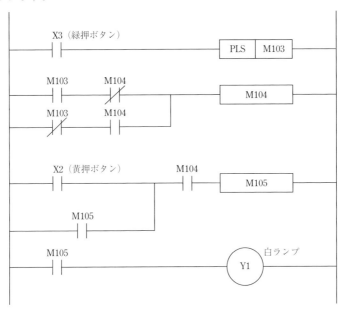

仕様 3

　優先回路を使用する問題

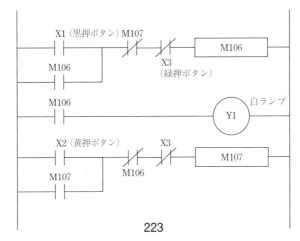

223

仕様 4

　黒押しボタンの立下りパルスを使用した問題

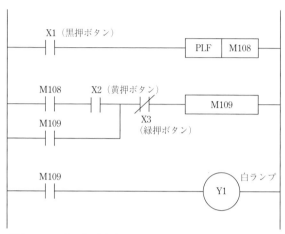

（注）PLF：立下り時出力

〔課題 2〕

　上記、シーケンサーに関する問題とは、全く異なり、リレーシーケンスにおける修復問題が出題されます。自分で提示された回路を組み込んで、正常時におけるチェックポイントを抑えておくと良いと思います。既に前節において、説明済でありますので、ここでは割愛します。

〔Ⅱ〕過年度 PC 仕様問題（2 級）

[PC 仕様]　（タイムチャート図）

仕様1

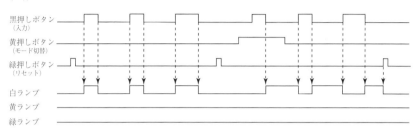

仕様2

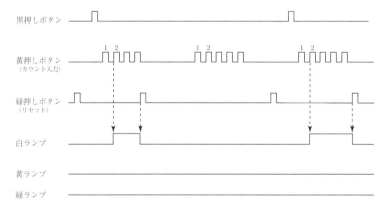

【2級　PC 仕様　解説】

〔仕様1〕SW1 と SW2 および白ランプ（Y1）の関係は次のとおり

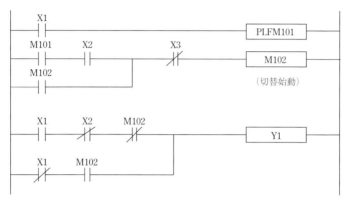

この問題は、モードの切り替えをさせるものである。

スイッチ SW2 が OFF の時 SW1 ON により白ランプ ON、スイッチ SW2 が ON の時 SW1 ON により白ランプ OFF となる。（条件始動）

〔仕様2〕SW1 と SW2 および白ランプ（Y1）の関係は次のとおり

この問題は、SW1 が ON の条件により、SW2 のパルスのカウント数値2 で出力（白ランプ）が ON となる。

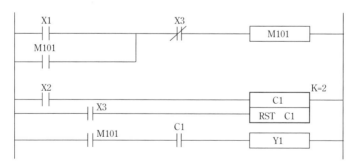

変更問題の予想

パルス発生回路、タイマー変更回路、サイクル停止回路、一致回路、優先回路など

〔Ⅲ〕過年度 PC 仕様問題（2級）

[PC 仕様]　（タイムチャート図）

仕様1

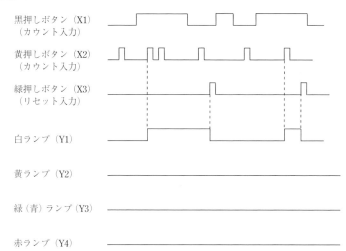

仕様2

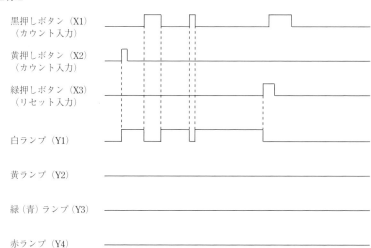

【2 級　PC 仕様　解説】

〔仕様 1〕

　SW1（X1）が ON となっている状態で、SW2（X2）を ON とした場合に
出力（Y1）が ON となり、自己保持回路によりキープさせ、SW3（X3）に
よりリセットされる。ラダー図は下記のとおりとなっています。

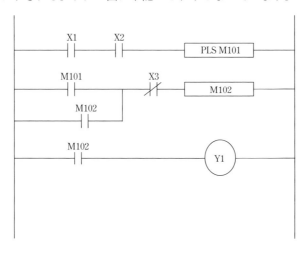

〔仕様2〕

SW2（X2）がスタートとなり、SW3（X3）が停止スイッチの役割を果たしている。スタートがかかった後SW1（X1）をON‐OFFすることにより、出力（Y1）は、SW1の逆動作を行う回路となっている。SW1がONのとき、Y1はOFFとなり、SW1がOFFのとき、Y1はONとなる。SW3による停止後は、この動作は行わない。ラダー図は下記のとおりとなっています。

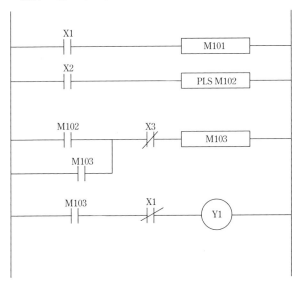

第10章

総合演習問題

PC 仕様問題演習　1

　下記のタイムチャート図にもとづき、3種類の押しボタンを入力（X1、X2、X3）として、出力が Y1、Y2、Y3、となるよう PC の回路を作成しなさい。なお、リレーシーケンス盤を使用する場合は、その入出力回路の接続を行ってください。

［PC 仕様］（タイムチャート図）

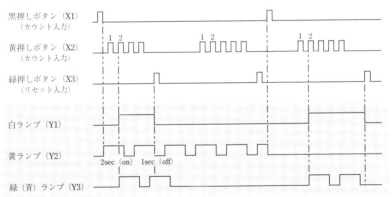

〔解説〕

① 出力 Y1（白ランプ）の動作

　　X1 の起動条件のもとに、X2 のカウント「2」で ON となる。

　　上記出力で自己保持をさせ、X3 入力で、リセットとなる。

　　X3 でリセットされると、再度 X1 の起動がかからないかぎり、X2 のカ

ウント入力があっても、Y1は出力しない。

② 出力Y2（黄ランプ）の動作

　　入力X1のOFF（立下りパルス）により、出力Y2はONとなり、ON状態　2秒　OFF状態　1秒　の連続パルスとなるようにする。

　　上記連続パルス（Y2）の停止は、次のX1の「ON」の条件でリセットされる。

　　この回路は、「プッシュ　ON　プッシュ　OFF」と「X1のOFF条件」とをからめた回路となるのがポイントとなる。

③ 出力Y3（緑ランプ）の動作

　　出力Y3は、X2入力　カウント「2」又は、出力Y1の起動のタイミングで、上記2と同様のパルスを発生させる。

　　出力Y3のパルスは、リセット入力X3を条件とし、自身の発生パルスがOFFとなった時に停止となる。サイクル停止回路を使用する。

　下記解答例は、簡便ラダー図を使用していますので、各自、使用に慣れている図に変更して御使用ください。

〔解答例〕　（参考）（下記は三菱シーケンサーを参考としています）

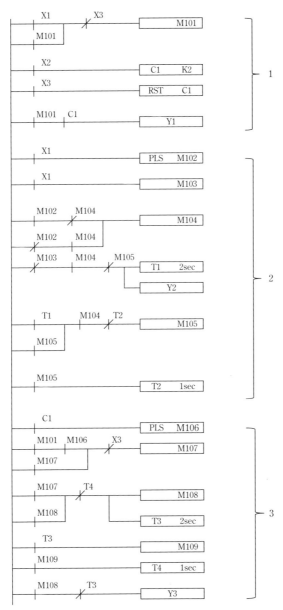

233

PC 仕様問題演習　2

　下記のタイムチャート図にもとづき、3種類の押しボタンを入力（X1、X2、X3）として、出力がY1、Y2、Y3、となるようPCの回路を作成しなさい。なお、リレーシーケンス盤を使用する場合は、その入出力回路の接続を行ってください。

［PC 仕様］（タイムチャート図）

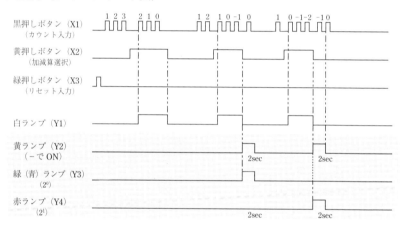

〔解説〕

① 出力 Y1（白ランプ）の動作

　　X1をカウント入力として使用し、X2がOFFの時、カウンター加算、ONの時、カウンター減算として使用します。

　　出力 Y1 は、減算を行う状態となった時（X2がONの状態）で最初のX1の入力があった時に「ON」となります。

　　出力 Y1 は、減算を行う状態が終わった時（X2がOFFとなった時）に、停止します。

② 出力 Y2（黄ランプ）の動作

　　出力 Y2 は、C1カウンターとC2カウンターを比較して、減算が終わっ

234

た時（X2 が OFF となった時）に、C2 > C1 の時　ON 状態　2 秒　のパルスを発生する。

　Y2 =「ON」は、加減算後の値が　－　の状態を示す。

　ただし、C1 カウンターは、X2 が OFF の時、X1 入力をカウントし、C2 カウンターは、X2 が ON の時、X1 入力をカウントする。

③　出力 Y3（緑ランプ）の動作

　X1 の入力を C1 でカウントし、その後、X2 入力「ON」により減算開始となる。

　さらに X1 入力により減算が進み、（C2 － C1）が絶対値「1」となった時、X2 の OFF 条件により、Y3 が「ON」となり、2sec のパルスを発生させる。

④　出力 Y4（赤ランプ）の動作

　X1 の入力を C1 でカウントし、その後、X2 入力「ON」により減算開始となる。

　さらに X1 入力により減算が進み、（C2 － C1）が絶対値「2」となった時、X2 の OFF 条件により、Y4 が「ON」となり、2sec のパルスを発生させる。

ランプ出力の計数表示

Y2	Y3	Y4	表示
ON	ON	OFF	－ 1
ON	OFF	ON	－ 2
OFF	ON	OFF	＋ 1
OFF	OFF	ON	＋ 2

　リセット X3 は、カウンター等の数値（データ）をクリヤーしておくためのものである。

〔解答例〕 （参考） （下記は三菱シーケンサーを参考としています）

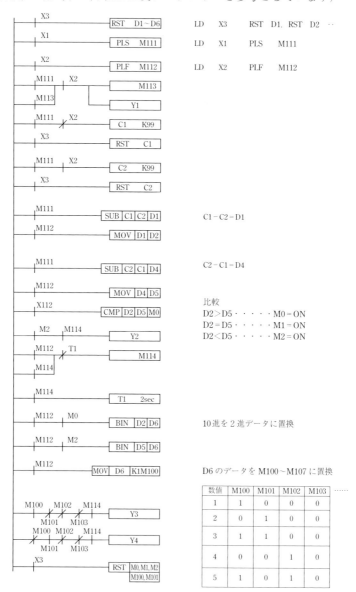

```
X3
├─[RST  D1～D6]        LD  X3    RST  D1, RST  D2 …

X1
├─[PLS  M111]          LD  X1    PLS  M111

X2
├─[PLF  M112]          LD  X2    PLF  M112

M111  X2
├─┤├─┤├─────[M113]
M113
├─┤├────────┤├─[Y1]

M111  X2
├─┤├─┤／├─[C1  K99]
X3
├─┤├─────[RST  C1]

M111  X2
├─┤├─┤├─[C2  K99]
X3
├─┤├─────[RST  C2]

M111
├─┤├─[SUB  C1 C2 D1]      C1 - C2 = D1
M112
├─┤├─[MOV  D1 D2]

M111
├─┤├─[SUB  C2 C1 D4]      C2 - C1 = D4
M112
├─┤├─[MOV  D4 D5]
X112
├─┤├─[CMP  D2 D5 M0]      比較
M2   M114                 D2＞D5・・・・・M0＝ON
├─┤├─┤├─[Y2]              D2＝D5・・・・・M1＝ON
M112  T1                  D2＜D5・・・・・M2＝ON
├─┤├─┤／├─[M114]
M114
├─┤├

M114
├─┤├─[T1  2sec]

M112  M0
├─┤├─┤├─[BIN  D2 D6]      10進を2進データに置換
M112  M2
├─┤├─┤├─[BIN  D5 D6]

M112
├─┤├─[MOV  D6 K1M100]     D6のデータをM100～M107に置換

M100  M102  M114
├─┤／├─┤／├─┤├─[Y3]
  M101   M103
M100  M102  M114
├─┤├─┤／├─┤├─[Y4]
  M101   M103
X3
├─┤├─[RST  M0,M1,M2]
         [M100,M101]
```

数値	M100	M101	M102	M103	……
1	1	0	0	0	
2	0	1	0	0	
3	1	1	0	0	
4	0	0	1	0	
5	1	0	1	0	

使用したものすべてリセット

PC 仕様問題演習　3

　下記のタイムチャート図にもとづき、3 種類の押しボタンを入力（X1、X2、X3）として、出力が Y1、Y2、Y3、となるよう PC の回路を作成しなさい。なお、リレーシーケンス盤を使用する場合は、その入出力回路の接続を行ってください。

〔PC 仕様〕（タイムチャート図）

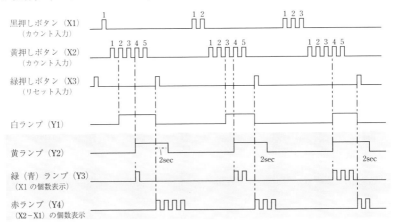

　Y3、Y4 の出力は 1 秒 ON － 1 秒 OFF のパルスとする。

〔解説〕

① 　出力 Y1（白ランプ）の動作

　　X1、X2 をカウント入力として使用し、それぞれ C1、C2 でカウントさせる。C2 が C1 よりも大きくなった時点で出力 Y1 を「ON」させる。X3 のリセット入力で、出力 Y1 を「OFF」させ、同時にカウンター C1、C2 もリセットさせる。

② 　出力 Y2（黄ランプ）の動作

　　出力 Y2 は、X2 入力　カウント「4」で、「ON」となる。

　　出力 Y2 の停止は、リセット入力 X3 が ON された後、時限 2sec 後に停

止させる。（時限停止回路）

③　出力 Y3（緑ランプ）の動作

　　出力 Y3 は、上記 2 と同様のタイミングで起動し、X1 の入力　カウント
と同数のパルス（1sec）を発生させる。

④　出力 Y4（赤ランプ）の動作

　　X3 のリセットのタイミングで、（C2－C1）の数のパルスを発生させる。

〔解答例〕　（参考）（下記は三菱シーケンサーを参考としています）

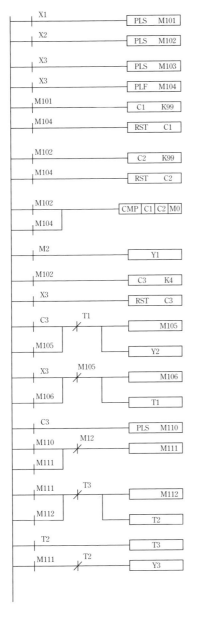

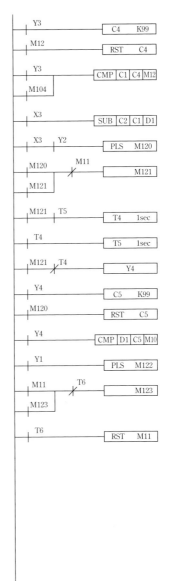

239

プログラム命令語

命令一覧（参考）

プログラムフロー

FNC No.	命令記号	機能	適用シーケンサ							
			FX$_{1S}$	FX$_{1N}$	FX$_{3G}$	FX$_{2N}$	FX$_{3U}$	FX$_{1NC}$	FX$_{2NC}$	FX$_{3UC}$
00	CJ	条件ジャンプ	○	○	○	○	○	○	○	○
01	CALL	サブルーチンコール	○	○	○	○	○	○	○	○
02	SRET	サブルーチンリターン	○	○	○	○	○	○	○	○
03	IRET	割込みリターン	○	○	○	○	○	○	○	○
04	EI	割込み許可	○	○	○	○	○	○	○	○
05	DI	割込み禁止	○	○	○	○	○	○	○	○
06	FEND	メインプログラム終了	○	○	○	○	○	○	○	○
07	WDT	ウォッチドッグタイマ	○	○	○	○	○	○	○	○
08	FOR	繰返し範囲開始	○	○	○	○	○	○	○	○
09	NEXT	繰返し範囲終了	○	○	○	○	○	○	○	○

転送・比較

FNC No.	命令記号	機能	適用シーケンサ							
			FX$_{1S}$	FX$_{1N}$	FX$_{3G}$	FX$_{2N}$	FX$_{3U}$	FX$_{1NC}$	FX$_{2NC}$	FX$_{3UC}$
10	CMP	比較	○	○	○	○	○	○	○	○
11	ZCP	帯域比較	○	○	○	○	○	○	○	○
12	MOV	転送	○	○	○	○	○	○	○	○
13	SMOV	桁移動	—	—	○	○	○	—	○	○
14	CML	反転転送	—	—	○	○	○	—	○	○
15	BMOV	一括転送	○	○	○	○	○	○	○	○
16	FMOV	多点転送	—	—	○	○	○	—	○	○
17	XCH	交換	—	—	—	○	○	—	○	○
18	BCD	BCD 変換	○	○	○	○	○	○	○	○
19	BIN	BIN 変換	○	○	○	○	○	○	○	○

四則・論理演算

FNC No.	命令記号	機能	適用シーケンサ							
			FX$_{1S}$	FX$_{1N}$	FX$_{3G}$	FX$_{2N}$	FX$_{3U}$	FX$_{1NC}$	FX$_{2NC}$	FX$_{3UC}$
20	ADD	BIN 加算	○	○	○	○	○	○	○	○
21	SUB	BIN 減算	○	○	○	○	○	○	○	○
22	MUL	BIN 乗算	○	○	○	○	○	○	○	○
23	DIV	BIN 除算	○	○	○	○	○	○	○	○
24	INC	BIN 増加	○	○	○	○	○	○	○	○
25	DEC	BIN 減少	○	○	○	○	○	○	○	○
26	WAND	論理積	○	○	○	○	○	○	○	○
27	WOR	論理和	○	○	○	○	○	○	○	○
28	WXOR	排他的論理和	○	○	○	○	○	○	○	○
29	NEG	補数	—	—	○	○	○	—	○	○

ローテーション・シフト

FNC No.	命令記号	機能	適用シーケンサ							
			FX$_{1S}$	FX$_{1N}$	FX$_{3G}$	FX$_{2N}$	FX$_{3U}$	FX$_{1NC}$	FX$_{2NC}$	FX$_{3UC}$
30	ROR	右回転	—	—	○	○	○	—	○	○
31	ROL	左回転	—	—	○	○	○	—	○	○
32	RCR	キャリ付右回転	—	—	—	○	○	—	○	○
33	RCL	キャリ付左回転	—	—	—	○	○	—	○	○
34	SFTR	ビット右シフト	○	○	○	○	○	○	○	○
35	SFTL	ビット左シフト	○	○	○	○	○	○	○	○
36	WSFR	ワード右シフト	—	—	○	○	○	—	○	○
37	WSFL	ワード左シフト	—	—	○	○	○	—	○	○
38	SFWR	シフト書込み〔先入れ先出し 先入れ後出し制御用〕	○	○	○	○	○	○	○	○
39	SFRD	シフト読出し〔先入れ先出し制御用〕	○	○	○	○	○	○	○	○

データ処理

FNC No.	命令記号	機能	適用シーケンサ							
			FX$_{1S}$	FX$_{1N}$	FX$_{3G}$	FX$_{2N}$	FX$_{3U}$	FX$_{1NC}$	FX$_{2NC}$	FX$_{3UC}$
40	ZRST	一括リセット	○	○	○	○	○	○	○	○
41	DECO	デコード	○	○	○	○	○	○	○	○
42	ENCO	エンコード	○	○	○	○	○	○	○	○
43	SUM	ON ビット数	—	—	○	○	○	—	○	○
44	BON	ON ビット判定	—	—	○	○	○	—	○	○
45	MEAN	平均値	—	—	○	○	○	—	○	○
46	ANS	アナンシェータセット	—	—	○	○	○	—	○	○
47	ANR	アナンシェータリセット	—	—	○	○	○	—	○	○
48	SQR	BIN 開平算	—	—	—	○	○	—	○	○
49	FLT	BIN 整数→2進浮動小数点変換	—	—	○＊	○	○	—	○	○

＊：FX3G シリーズ Ver.1.10 以降で対応

高速処理

FNC No.	命令記号	機能	適用シーケンサ							
			FX$_{1S}$	FX$_{1N}$	FX$_{3G}$	FX$_{2N}$	FX$_{3U}$	FX$_{1NC}$	FX$_{2NC}$	FX$_{3UC}$
50	REF	入出力リフレッシュ	○	○	○	○	○	○	○	○
51	REFF	入力リフレッシュ（フィルタ設定付）	—	—	—	○	○	—	○	○
52	MTR	マトリクス入力	○	○	○	○	○	○	○	○
53	HSCS	比較セット（高速カウンタ用）	○	○	○	○	○	○	○	○
54	HSCR	比較リセット（高速カウンタ用）	○	○	○	○	○	○	○	○
55	HSZ	帯域比較（高速カウンタ用）	—	—	○	○	○	—	○	○
56	SPD	パルス密度	○	○	○	○	○	○	○	○
57	PLSY	パルス出力	○	○	○	○	○	○	○	○
58	PWM	パルス幅変調	○	○	○	○	○	○	○	○
59	PLSR	加減速付パルス出力	○	○	○	○	○	○	○	○

第11章

最近の出題問題（2020年度出題問題）

平成28年度における実技試験の概要（1級、2級）

課題番号	試験時間	
	標準時間	打ち切り時間
課題1 PLC回路組立作業	50分	60分
		（標準時間＋10分）
	動作確認（手をあげて合図してください）	
課題2 シーケンス回路修復	30分	50分
		（標準時間＋20分）
	動作確認（手をあげて合図してください）	

（1） 課題1は、プログラマブルコントローラ（以下PLCという）を使用した問題です。
　　　1級、2級について、試験の方法は同一であり、出題の内容において難易度が変わります。
　　　課題1については、持参したPLCと試験会場で用意された盤と電源の配線を行い、連続して会場での出題に合わせて、PLCにプログラムを打ち込んでいきます。

（2） 課題2については、①リレー、タイマーの点検（不良の判定）
　　　②有接点シーケンス回路の修復作業となっています。（第5章参照）
　　　1級については、タイムチャートに基づき、有接点回路の修復を行い、タイムチャートの正常動作となるようにします。
　　　2級については、与えられたシーケンス回路の図面の動作がされるよう修復を行います。

（3） 作業完了合図後に、技能検定委員が課題1、課題2の動作確認を行います。
　　　打ち切り時間までに合図がない場合は、動作確認を行いません。

（4） 作業時間は、手をあげた時点までとします。
　　　（動作確認時間は作業時間に含めません）

（5） 集合時間から試験終了まで180分程度を要します。

（6） 試験開始後の途中入室は認めません。

●試験の採点項目と注意事項については P8～9、を参照して下さい。

●試験については 1 級は P194～197、 2 級は P214～217を参照して下さい。

　1 級、 2 級の仕様変更については、第 9 章、第10章を参照ください。

1 級実技試験問題

〔課題 1 〕 プログラマブルコントローラ（PLC）による回路組立作業

　下記に示す条件に基づき、試験用盤と持参したプログラマブルコントローラ（PLC）を用いて、入力 3 点および出力 4 点の配線を行い、回路を完成させた後、作動させなさい。

○条件

　・プログラマブルコントローラ（PLC）からの出力は、試験用盤上のリレーを介すること

　　ただし、PLC のサービス電源を使用してリレーを駆動させないこと

　・試験用盤の DC24V 電源を PLC の電源として使用しないこと

　・配線は適切な長さとし、圧着端子を使用してねじ止めをすること

　・不必要な配線を行わないこと

　・タイムチャートの始まりと終わりは、論理「0」とする

　・プログラムおよび配線は、繰り返し運転ができること（再現性があること）

○仕様（タイムチャート）

　仕様（タイムチャート図）のうちの 1 つが、試験当日に指示される

プログラマブルコントローラ（PLC）による仕様追加作業

　試験会場において、指示された仕様追加により、プログラムの追加変更し、作動させなさい。なお、課題 1 は、連続して作業を行いなさい。

〔PC 仕様〕（タイムチャート図）

〔仕様 1〕

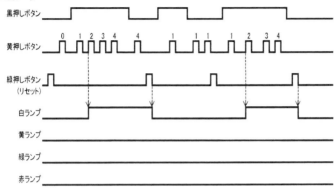

〔解説〕

　1 級の問題については、入力 3 点、出力 4 点を使う問題となっています。

　課題 1 については、上記タイムチャートを基に、白ランプ出力をタイムチャート通りに出力するシーケンス回路をシーケンサーに打ち込みます。

〔動作説明〕

① 　緑押しボタン（X3）を押します。この X3 は、リセット用として、内部回路を初期の状態に戻すために使用されます。ただし、この場合は、X3 を OFF するタイミングによりリセットさせます。

② 　黒押しボタン（X1）が押されている状態の間だけ、黄押しボタン（X2）が押されたカウント動作が開始されます。白ランプ出力（Y1）は、X2 によるカウント　2　により　ON となり、自己保持され、X3 のプッシュ OFF のタイミングにより、リセットされます。

③ 　課題 2 においては、1 回目に X1 が ON されている間の X2 のカウント、2 回目に X1 が ON されている間の、X2 のカウント、3 回目に X1 が ON されている間の X2 のカウントをそれぞれデータ保管し、演算、比較、大小の判定などの問題が出題されることが予想されます。

〔PC 仕様〕（タイムチャート図）

〔仕様 2〕

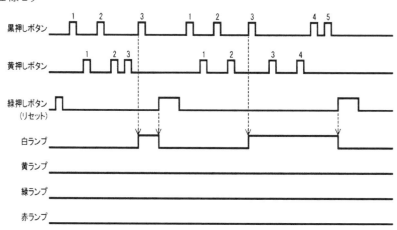

〔解説〕
　1 級の問題については、入力 3 点、出力 4 点を使う問題となっています。
　課題 1 については、上記タイムチャートを基に、白ランプ出力をタイムチャート通りに出力するシーケンス回路をシーケンサーに打ち込みます。

〔動作説明〕
① 　緑押しボタン（X3）を押します。この X3 は、リセット用として、内部回路を初期の状態に戻すために使用されます。
② 　黒押しボタン（X1）が ON、黄押しボタン（X2）が ON されると　各々のカウント動作が開始されます。
　　白ランプ出力（Y1）は、X1 によるカウント 3 により ON となり、自己保持され、X3 によりリセットされます。
③ 　課題 2 において、X1、X2 のカウントの情報を得て、演算、比較、大小の判定などの問題が想定されます。

〔課題２〕リレー・タイマの点検、有接点シーケンス回路の点検および修復作業

① リレー・タイマの点検

　　与えられたリレー・タイマを回路計（テスタ）および試験用盤のチェック用ソケットを用いて点検し、良・不良の判定ならびに不良原因を解答用紙（マークシート）に記入しなさい。

　　試験用盤のチェック用ソケットは、次のように配線されている。

　　なお、チェック用回路は、黄色で配線している。

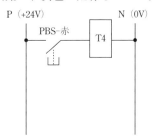

② 有接点シーケンス回路の点検および修復作業

　　試験当日に指示されたタイムチャートをもとに、有接点シーケンス回路を点検し、不良箇所のみを修復しなさい。なお、修復作業は、下記に示す条件に従って行いなさい。

〇条件

　・リレー・タイマは、「①リレー・タイマの点検」の結果、良品と判定したものを使用すること

　・不適切な配線や不要な配線は取り外し、取り外した線は再利用せず、指示された線（白色）を新たに加工して配線し、修復した箇所が判るようにすること

　・配線は適切な長さとし、圧着端子を使用してねじ止めすること

　・不必要な配線を行わないこと

　・ランプおよび押しボタンスイッチと端子台の間、チェック用回路の配線（黄色）には、異常はないものとする

2級実技試験問題

〔課題1〕 プログラマブルコントローラ（PLC）による回路組立作業

　下記に示す条件に基づき、試験用盤と持参したプログラマブルコントローラ（PLC）を用いて、入力3点および出力3点の配線を行い、回路を完成させた後、作動させなさい。

○条件
- ・プログラマブルコントローラ（PLC）からの出力は、試験用盤上のリレーを介すること
  ただし、PLCのサービス電源を使用してリレーを駆動させないこと
- ・試験用盤のDC24V電源をPLCの電源として使用しないこと
- ・配線は適切な長さとし、圧着端子を使用してねじ止めをすること
- ・不必要な配線を行わないこと
- ・タイムチャートの始まりと終わりは、論理「0」とする
- ・プログラムおよび配線は、繰り返し運転ができること（再現性があること）

○仕様（タイムチャート）
- ・仕様（タイムチャート図）のうちの1つが、試験当日に指示される

プログラマブルコントローラ（PLC）による仕様追加作業

　試験会場において、指示された仕様追加により、プログラムの追加変更し、作動させなさい。なお、課題1と課題2は、連続して作業を行いなさい。

〔PC 仕様〕（タイムチャート図）

〔仕様 1〕

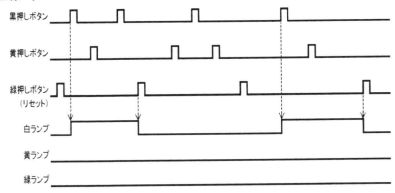

〔解説〕

　2 級の問題については、入力 3 点、出力 3 点を使う問題となっています。

　課題 1 については、上記タイムチャートを基に、白ランプ出力をタイムチャート通りに出力するシーケンス回路をシーケンサーに打ち込みます。

〔動作説明〕

① 　緑押しボタン（X3）を押します。この X3 は、リセット用として、内部回路を初期の状態に戻すために使用されます。

② 　黒押しボタン（X1）が ON されると白ランプ出力（Y1）が ON となり、自己保持して、X3（リセット）により、リセットされるまで出力 Y1 は、ON します。

③ 　X1（黒ボタン）の 3 個目のパルスにより、Y1 出力が ON するべきであるが、ここでは ON しません。これは、X3 により、回路が初期化された後、黄押しボタン（X2）が先に押されて、X1 の入力をブロックし、白ランプ出力（Y1）を出しません。これは、X2 が押されることにより、シーケンサー内部リレーを自己保持させ、X3 が押されてリセットされるまで、X1 を押しても出力がでない状態になります。Y1 出力が発生しな

249

いよう内部リレーのB接点とX1の接点を直列にして置く必要があります。または、X1とX2の入力に対して、優先回路を作成し、X1が優先された時に出力Y1がONする回路を作成しても同様の動作になります。

〔PC仕様〕（タイムチャート図）

〔仕様2〕

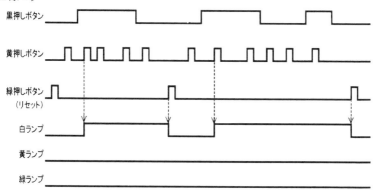

〔解説〕

　2級の問題については、入力3点、出力3点を使う問題となっています。

　課題1については、上記タイムチャートを基に、白ランプ出力をタイムチャート通りに出力するシーケンス回路をシーケンサーに打ち込みます。

〔動作説明〕

① 緑押しボタン（X3）を押します。このX3は、リセット用として、内部回路を初期の状態に戻すために使用されます。

② 黒押しボタン（X1）がONされている間に　黄押しボタン（X2）が押されると白ランプ出力（Y1）がONとなり、自己保持し、X3によりリセットされるまで出力Y1は、ONします。

③ 課題2において、黄押しボタン（X2）のカウント回路、優先回路、プッシュONプッシュOFF回路、タイマーによる遅延回路等が予想されます。

〔課題２〕リレー・タイマの点検、有接点シーケンス回路の点検および修復作業

① リレー・タイマの点検

　　与えられたリレー・タイマを回路計（テスタ）および試験用盤のチェック用ソケットを用いて点検し、良・不良の判定ならびに不良原因を解答用紙（マークシート）に記入しなさい。

　　試験用盤のチェック用ソケットは、次のように配線されている。

　　なお、チェック用回路は、黄色で配線している。

② 有接点シーケンス回路の点検および修復作業

　　次頁に示す回路図（有接点シーケンス回路）を参考に試験用盤を点検し、不良箇所のみを修復しなさい。なお、修復作業は、下記に示す条件に従って行いなさい。

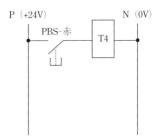

○条件

　・リレー・タイマは、「①リレー・タイマの点検」の結果、良品と判定したものを使用すること

　・不適切な配線や不要な配線は取り外し、取り外した線は再利用せず、指示された線（白色）を新たに加工して配線し、修復した箇所が判るようにすること

　・配線は適切な長さとし、圧着端子を使用してねじ止めすること

　・不必要な配線を行わないこと

　・ランプおよび押しボタンスイッチと端子台の間、チェック用回路の配線（黄色）には、異常はないものとする

○回路図（有接点シーケンス回路）

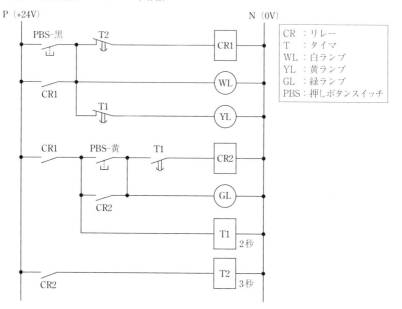

P（+24V）　　　　　　　　　　　　　　　　　　　　　　　　N（0V）

	a接点	b接点
押しボタンスイッチ		
リレー接点		
限時動作接点		

CR ：リレー
T ：タイマ
WL：白ランプ
YL：黄ランプ
GL：緑ランプ
PBS：押しボタンスイッチ

参考　接点図記号

〔支給材料〕

　試験会場で支給される材料は下記のとおりです。下記の材料以外は使用できません。なお、試験中に材料が不足した場合は、追加で支給します。

品　名	仕様・規格	数　量	備　考
KIV 線または VSF 線	0.75mm^2　（青色）	8m	課題 1 用
	0.75mm^2　（白色）	1m	課題 2 用
圧着端子	1.25Y － 3 Y 型　裸圧着端子	100 個入り 1 箱	絶縁処理なし

技能検定1・2級

改訂10版 電気実技の速攻法

| 平成10年 9 月10日 | 初　版　第 1 刷発行 |
| 令和 3 年10月10日 | 第10版　第 1 刷発行 |

著　　　者	機械保全研究委員会　編
監　　　修	寺山　一男
	（第 1 種電気主任技術者、機械保全 1 級）
発　行　者	小野寺隆志
発　行　所	科学図書出版株式会社
	東京都新宿区四谷坂町10-11
	TEL　03-3357-3561
印刷／製本	昭和情報プロセス株式会社
カバーデザイン	加藤　敏彰

＊問題掲載に関しては、日本プラントメンテナンス協会の許諾を得ています。

ⓒ2021　機械保全研究委員会　編
ISBN978-4-910354-06-4 C3053
Printed in Japan